DIE MATHEMATIK
DER MUSIK

DIE MATHEMATIK DER MUSIK

RHYTHMUS, RESONANZ UND HARMONIE

JAVIER ARBONÉS – PABLO MILRUD

Librero

Die Originalausgabe erschien 2010 unter dem Titel: *La armonía es numérica.*
Música y matemáticas

© 2023 Librero IBP (für die deutschsprachige Ausgabe)
www.librero-ibp.com

Text © 2010 Javier Arbonés und Pablo Milrud
© 2010 RBA Contenidos Editoriales y Audiovisuales S.A.U

Bildnachweis Innenseiten: Age-Fotostock: 13, 119; Album akg: 88; Album oronoz: 56;
Archives RBA: 21, 32, 49, 115; Choeur de la OFGC: 18; Helsinki University Library: 40

Bildnachweis Umschlag:
Formeln © iStockphoto.com/Suljo
mathematische Figuren © iStockphoto.com/mustafahacalaki
Metronom: © IstockPhoto.nl/Boryan

Produktion der deutschsprachigen Ausgabe:
Tanja Timmerman vertaling & redactie
Übersetzung: Judith Muhr
Satz: Elixyz Desk Top Publishing

Printed in China

ISBN: 978-90-8998-816-4

Inhalt

Vorwort

Musik ist die versteckte arithmetische Tätigkeit der Seele,
die sich nicht dessen bewusst ist, dass sie rechnet.
Gottfried Wilhelm Leibniz

Musik, wie sie heutzutage komponiert wird, ist völlig anders. Computer machen Melodien und Beats aus nahezu allem. Mathematik, Elektronik, Bits und Bytes scheinen für die Musik wie gemacht zu sein – und bringen sie an ganz neue Grenzen. War Musik zu Beginn des 20. Jahrhunderts langweiliger? Im 5. Jahrhundert? Und 1.000 Jahre vor Christus? Wurden Klänge damals schon unter Verwendung der Mathematik analysiert? Wann begann die Beeinflussung der Musik durch die Technologie?

Musik ist eines der wichtigsten Ausdrucksmittel des Menschen. Man findet sie überall und sie begleitet uns durch die gesamte Kulturgeschichte. Sie ist allgegenwärtig, bewegt die Menschen, macht sie glücklich und traurig zugleich. Die Mathematik analysiert dieses Phänomen. Die Ergebnisse beleuchten unzählige Aspekte der Musik: die Verhältnisse zwischen den Tönen eines Akkords, Phänomene der Resonanz, die geheimen Schlüssel der Partituren, musikalische Spiele oder die geometrischen Strukturen von Melodien. Mathematikliebhaber können die Freude beim Musikhören noch steigern, weil sie überrascht erkennen, welche mathematischen Elemente in der Musik vorhanden sind.

Wir werden Ihnen später davon berichten, wie Mozart eine Methode entwickelt hat, Musik mit Hilfe eines Würfels zu komponieren. Einige seiner Werke sind so angelegt, dass sie nur Sinn ergeben, wenn ein mathematisches Rätsel gelöst wird. Und auch Wahrscheinlichkeit, Fraktale und der goldene Schnitt finden ihren Platz. Warum sind bestimmte Töne dissonant, andere dagegen harmonisch? Wie ist es möglich, zwischen dem Klang einer Geige und dem einer Trompete zu unterscheiden? Kann ein Sänger nur mit seiner Stimme ein Glas zum Bersten bringen? Wie hat sich die moderne musikalische Notation entwickelt, und welchen Regeln folgt sie?

Obwohl die Musik mit den unterschiedlichsten Formen der Mathematik zusammenhängt, müssen wir feststellen, dass die Wissenschaft das Phänomen der Musik nicht vollständig erklären kann. Sie bietet jedoch zahlreiche Werkzeuge, um

Musik zu erschaffen, die wir in diesem Buch genauer betrachten werden. Mit oder ohne mathematische Werkzeuge bleiben jedoch die Inspiration und das künstlerische Wirken des Komponisten der Schlüssel zu jeder Komposition. Und darin liegt letztlich auch der Wert, den die Mathematik der Musik bieten kann -- einen Rahmen, in dem eine künstlerische Form genauer betrachtet und bewundert werden kann. Dies sind neue Perspektiven, mit denen wir neu entdecken können, was wir bereits zu wissen glaubten.

Kapitel 1

Stimmungen

Nach der Stille kommt Musik *dem Ausdruck des Unaussprechlichen am nächsten.*
Aldous Huxley

Eine musikalische Darbietung ist flüchtig – nachdem ein Ton oder ein Akkord gespielt wurden, existieren sie nur noch im Gedächtnis der Zuhörer. Diese Eigenschaft verleiht der Musik eine magische Aura. Die Menschen verwenden sie seit Anbeginn der Zeit in ihren Ritualen, als Mittel, Gott zu verehren und mit ihm zu kommunizieren. Archäologische Funde zeigen, dass bereits in prähistorischer Zeit überall zahlreiche Musikinstrumente verwendet wurden. Dabei handelte es sich im Allgemeinen um Rasseln oder andere Schlaginstrumente, aber man fand auch schon primitive Flöten und Pfeifen, die bestätigen, dass es bereits in den ältesten Kulturen die Melodie in der Musik gegeben haben muss.

Die Welt der Griechen

Das Wort „Musik" hat seine Wurzeln im griechischen Wort *musiké*, wörtlich übersetzt „die Kunst der Musen". In der griechischen Mythologie waren Musen die Gottheiten der Inspiration für Musik, Tanz, Astrologie und Poesie.

Die pythagoreische Schule, die ab dem 6. Jahrhundert vor Christus existierte, versuchte die Harmonie des Universums unter Verwendung von Zahlen zu erklären – und ein Großteil dieser Studien war der Musik gewidmet. Die Pythagoreer schufen astronomische, akustische und musikalische Modelle, anhand derer Musik und Arithmetik gleichzeitig betrachtet werden konnten. Sie waren der Überzeugung, dass die Bewegungen der Planeten im Raum harmonische Schwingungen erzeugen, die für das menschliche Ohr nicht wahrnehmbar sind, aber die dennoch die „Sphärenmusik" hervorbringen. Ganz allgemein kann man sagen, die griechischen und römischen Zivilisationen kultivierten ihre theoretischen Erkenntnisse getrennt von den handwerklichen Aktivitäten, die als die „niedrigeren Künste" angesehen wurden. Die höheren Disziplinen wurden in zwei große Gruppen eingeordnet: Die erste, *trivium* (von *tri*, „drei", und *vium*, „Weg" oder „Pfad") bestand aus

Grammatik, Dialektik und Rhetorik. Die zweite, *quadrivium* (von *quadri*, „vier"), setzte sich aus Arithmetik, Geometrie, Astronomie und Musik zusammen. Diese sieben Disziplinen, oder „die freien Künste", sollten sicherstellen, dass die Menschheit im Gleichgewicht mit dem harmonischen Universum blieb.

Das pythagoreische Musiksystem

Die pythagoreischen Studien der Musik basierten auf den Tönen, die durch ein einziges Saiteninstrument erzeugt wurden. Die Länge der Saite wurde ähnlich wie bei einer modernen Gitarre mit Hilfe eines Griffbretts geändert. Durch die Änderung der Saitenlänge entstanden unterschiedliche Noten oder Töne. Je kürzer die Saite war, desto höher war der Ton. Die Pythagoreer führten einen methodischen Vergleich der Tonpaare durch, die durch die unterschiedlichen Saitenlängen erzeugt wurden. In ihren Experimenten ging es um die Längenverhältnisse, ausgedrückt unter Verwendung kleiner Zahlen – indem die Saite auf die halbe ursprüngliche Länge, ein Drittel, zwei Drittel usw. unterteilt wurde.

Die Ergebnisse waren überraschend: Die Töne, die durch Saiten erzeugt wurden, deren Längen ein Verhältnis mit „kleinen Zahlen" aufwiesen, waren angenehmer zu hören und harmonischer für das Ohr. Dank dieser Beobachtungen konnten die Pythagoreer ein physisches Phänomen der Ästhetik mathematisch modellieren – vergleichbar mit dem goldenen Schnitt, der in der Renaissance eine optische Untersuchung der Schönheit zuließ.

Das einfachste Verhältnis liegt vor, wenn die Saite um die Hälfte ihrer Länge verkürzt wird. Dieses Verhältnis wird numerisch als 2:1 ausgedrückt und entspricht musikalisch einer Oktave (z. B. dem Abstand zwischen einem *C* und dem nächsten *C*). Das nächst einfachste Verhältnis liegt vor, wenn die Saite an einer Stelle bei etwa einem Drittel ihrer Gesamtlänge verkürzt wird, numerisch ausgedrückt als das Verhältnis 3:2. Das entspricht dem Intervall einer Quinte (dem Abstand von *C* zu *G*). Als nächstes kommt das Verhältnis, bei dem die Saite auf ein Viertel der Gesamtlänge verkürzt wird, numerisch ausgedrückt als 4:3. Musikalisch gesehen handelt es sich bei diesem Intervall um eine Quarte (den Abstand von *C* zu *F*).

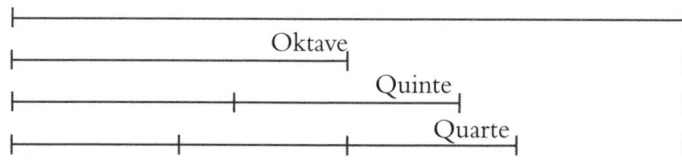

PLANETENKLÄNGE

Die Vorstellung des Kosmos in einem Zustand des Gleichgewichts war einer der Aspekte der Kultur der Antike, den der Humanismus der Renaissance wieder anstrebte. Ein Ausdruck dieses Gleichgewichts, wie von den Pythagoreern definiert und auf ähnliche Weise von Platon und Aristoteles ausgedrückt, war die „Sphärenmusik" oder „Sphärenharmonie". Das Ganze basierte auf der Idee, dass die Planeten für das menschliche Ohr nicht wahrnehmbare Töne erzeugen, die proportional zu ihrer Position und ihrer Bewegung sind, und darüber hinaus, dass diese Töne konsonant oder harmonisch sind. Der Deutsche Johannes Kepler (1571–1630) hatte Religion, Ethik, Dialektik und Rhetorik studiert, außerdem Physik und Astronomie. Darüber hinaus interessierte er sich für die heliozentrische Theorie des Universums sowie das Vermächtnis von Pythagoras und Platon. Zu Beginn des 17. Jahrhunderts war die Bewegung der Planeten noch ein Mysterium, das nur mit Gottes Allmacht erklärt werden konnte. Kepler brachte Licht ins Dunkel, und seine Gesetze der Planetenbewegung gehören zu den größten wissenschaftlichen Entdeckungen aller Zeiten. Seine Theorien gingen jedoch weiter, und er versuchte, eine Vision der Sphärenmusik aus der Klassik aufzugreifen. In *Harmonices Mundi* (Die Harmonie der Welten), geschrieben 1619, erklärte Kepler neben seinen astronomischen Studien die Theorie, dass jeder Planet einen Klang abgebe, der durch seine Winkelgeschwindigkeit bestimmt werde. Die Grenzen dieser Winkelgeschwindigkeit befänden sich am Perihel (dem der Sonne am nächsten gelegenen Punkt) und am Aphel (dem am weitesten von der Sonne entfernten Punkt) dieses elliptischen Wegs. Kepler verglich die Klänge an diesen Grenzpunkten für einen einzelnen Planeten ebenso wie für benachbarte Planeten. Dies führte ihn schließlich zu Tonleitern und Akkorden, die ihnen zugeordnet waren. Laut seinen Berechnungen variierten die Melodien von Venus und Erde um ein Intervall von einem Halbton oder weniger. Auf der anderen Seite war das maximale Intervall von Merkur größer als eine Oktave. Die religiösen Ansichten von Kepler ließen ihn annehmen, dass die Planeten bei sehr wenigen Gelegenheiten in Harmonie seien – möglicherweise, so dachte er, nur im Moment der Schöpfung.

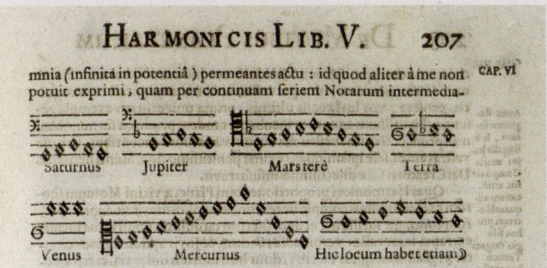

Ein Bild aus Harmonices Mundi *von Kepler, das die Klänge zeigt, die angeblich von den Planeten erzeugt werden.*

PYTHAGORAS VON SAMOS (CA. 570/560 V.CHR.–496/7 V.CHR.)

Pythagoras wurde auf der griechischen Insel Samos geboren. Inspiriert von dem Philosophen und Mathematiker Thales von Milet unternahm er eine umfangreiche Studienreise durch Ägypten und Mesopotamien. Seine dortigen Erfahrungen weckten Ideen in ihm, die ihn veranlassten, eine Denkschule zu gründen, in der verschiedene wissenschaftliche, ästhetische und philosophische Disziplinen nebeneinander existierten. Pythagoras und seine Anhänger unternahmen wichtige Studien in den verschiedensten Bereichen, wie Akustik und Musik, Mathematik, Geometrie und Astronomie. Der Ruf von Pythagoras und seiner Schule reichte so weit, dass ihm häufig einer der fundamentalen Sätze der Geometrie zugeordnet wird, der Satz des Pythagoras, obwohl dieser vielen fortgeschrittenen Zivilisationen schon Jahrhunderte zuvor bekannt gewesen war. Der Satz des Pythagoras kann mit der folgenden Formel ausgedrückt werden: $a^2 + b^2 = c^2$.

Dies ist eine Gleichung mit unendlich vielen ganzzahligen Lösungen. Jede Lösungsmenge wird als „pythagoreisches Tripel" bezeichnet. Stellt man diese Formel grafisch dar, ergibt jede Menge mit drei Elementen, die ein pythagoreisches Tripel bilden, ein Quadrat. Dieses Instrument wurde von Bauern und Handwerkern häufig verwendet, um rechte Winkel zu zeichnen.

Wir erkennen also die Entstehung eines Musters, nach dem die Tonintervalle mit Verhältnissen des Typs

$$\frac{n+1}{n}$$

harmonisch und melodiös sind. Die Pythagoreer interpretierten dies als Bestätigung der direkten Verbindung zwischen Zahl, Harmonie und Schönheit.

Absolute Stimmung

Um die Leistung der pythagoreischen Entdeckungen besser beurteilen zu können, ist es hilfreich, zwischen zwei Schlüsselkonzepten zu unterscheiden: der „absoluten" Stimmung und der „relativen" Stimmung. Jede Note hat eine Höhe, die sie als tiefer oder höher als eine andere Note identifiziert. Die Höhe der Note wird durch die Frequenz der Schwingung ihrer Schallwelle festgelegt (wir werden später noch einmal darauf zurückkommen). Höhere Frequenzen erzeugen höhere Töne. (In Anhang I finden Sie eine detaillierte Erklärung dieses und anderer mathematischer Konzepte.)

Tiefe Töne   Hohe Töne

Auf dem Klavier sind die Tasten für die tiefsten Töne ganz links,
die für die hohen Töne ganz rechts angeordnet.

ZERBERSTENDE GLÄSER UND EINSTÜRZENDE BRÜCKEN

Aus vielen Filmen und Cartoons kennen wir die Szene, in der eine Opernsängerin ein Weinglas zum Zerbersten bringt, indem sie einen sehr hohen Ton singt. Dies ist keine Fiktion der Physik, sondern absolute Realität. Feste Körper können mit einer bestimmten „natürlichen" Frequenz schwingen, abhängig vom Material, aus dem sie bestehen, sowie von seiner Form und anderen Eigenschaften. Darüber hinaus gibt es eine Schallquelle, die ein Geräusch erzeugt, das den Gegenstand in Form von variierenden Luftdruckwellen erreicht, die ihn zum Vibrieren bringen. Ist die Frequenz des ausgegebenen Tons jedoch gleich der natürlichen Frequenz des Gegenstands, beginnt dieser Festkörper mit einer höheren Intensität zu schwingen. Dieses Phänomen bezeichnet man auch als „Resonanz". Wird das Phänomen der Resonanz von einer erhöhten Energie (der Lautstärke) der Tonquelle begleitet, nimmt die Amplitude der Schwingungen des Körpers weiter zu. Handelt es sich dabei beispielsweise um ein Seil, gestattet die eigene Flexibilität des Materials, diesen Schwingungen zu widerstehen. Haben wir dagegen einen sehr steifen Körper, kann dieser die Schwingungen nicht kompensieren und zerspringt irgendwann. Genau das passiert mit dem Weinglas. Es gibt ein weiteres sehr berühmtes Beispiel: Die Hängebrücke von Tacoma Narrows, die am 7. November 1940 zusammenbrach, wenige Monate nach ihrer Eröffnung. Die Brücke brach oberhalb von Puget Sound im US-Staat Washington aufgrund von durch den Wind verursachten Schwingungen zusammen, auch als „Flatterschwingungen" bezeichnet.

Das menschliche Ohr kann Schwingungen mit Frequenzen in einem Bereich von annähernd 20 bis 20.000 Hertz (Hz) hören, das entspricht den Zyklen pro Sekunde. Frequenzen unterhalb dieses Bereichs werden als Infraschall bezeichnet, diejenigen darüber als Ultraschall. Die Frequenz jeder Note ist ein absoluter Wert, anhand dessen sie eindeutig identifiziert wird. Man weiß, dass *A* eine Stimmung von 440 Hz aufweist. Diese Tatsache ist jedoch mit Vorsicht zu betrachten. Ein Ton mit einer Frequenz von 440 Hz ist das eine; das andere ist der Name, dem dieser Ton zugeordnet wird. Diesem Ton wurde der Konvention entsprechend der Name *A* zugeordnet. Damit ist die Note *A* so zufällig wie der Standardmeter, der das metrische System definiert, und wurde auch unter Anwendung eines ähnlichen Prozesses festgelegt. 1939 wurde bei einer Konferenz in London der Standard-Kammerton A auf 440 Hz festgelegt, auch als Referenzton bezeichnet. Dieser Wert war jedoch zuvor nicht standardisiert und variierte zwischen verschiedenen Zeiten und

---

DER ÄRGER MIT DEN PRIMZAHLEN

Anfang des 20. Jahrhunderts betrug der anfängliche Standard für eine ganz normale *A*-Stimmgabel 439 Hz. Woher kommt die heutige Definition von 440 Hz? Laut einer Hypothese des British Standards Institute gilt: „Die Stimmnote der BBC leitet sich von einem Oszillator ab, der über ein piezoelektrisches Kristall gesteuert wird, das mit einer Frequenz von einer Million Hz vibriert. Diese wird durch elektronische Teiler auf eine Frequenz von 1.000 Hz reduziert. Anschließend wird der Wert elf Mal multipliziert und dann durch 25 dividiert. Daraus ergibt sich die erforderliche Frequenz von 440 Hz. 439 ist eine Primzahl, deshalb konnte eine Frequenz von 439 Hz nicht mit solchen Mitteln übertragen werden."

Orten und sogar zwischen verschiedenen Instrumentenherstellern. Selbst führende Orchester auf der ganzen Welt legen ihr *A* immer noch an anderen Frequenzen fest, jedoch immer irgendwo in der Nähe von 440 Hz.

Intervalle und relative Stimmung

Bevor wir uns mit dem Konzept der relativen Stimmung beschäftigen, müssen wir uns genauer ansehen, was eigentlich ein „Intervall" ist. Jeweils zwei Noten sind durch einen Abstand voneinander getrennt, wobei es zwei Herangehensweisen zu unterscheiden gilt. Die erste besteht darin, sich Intervalle als die musikalische „Distanz" zweier Noten vorzustellen. Jedes Intervall ist nach der Anzahl der Noten benannt, die zwischen der ersten und der letzten Note liegen, sowie nach der

Richtung des Pfads. Um von *C* nach *F* zu gelangen, müssen vier Noten berührt werden: *C-D-E-F*. Das Intervall *C-F* wird als „Quarte" bezeichnet. Man sagt auch, *C* und *F* sind zwei Noten, die durch eine Quarte voneinander getrennt sind. Eine Oktave, einem Intervall, mit dem wir wahrscheinlich vertrauter sind, geht nach demselben Kriterium vor. Um von einem *C* zum nächsten *C* zu gelangen, müssen acht Noten tangiert werden: *C-D-E-F-G-A-H-C*. Die Intervalle, die wir bisher betrachtet haben, sind aufsteigend. Absteigende Intervalle verlaufen von der höchsten Note aus abwärts: Ein Intervall *C-A* ist eine Terz, wenn es abwärts verläuft: *C-B-A*. (Die Klassifizierung der Intervalle ist in Anhang I detaillierter erklärt.)

Die andere Herangehensweise im Hinblick auf Intervalle ist numerisch, wobei proportional die Frequenzen jeder Note verglichen werden. Wir betrachten also das numerische Verhältnis zwischen ihren Frequenzen. Wenn wir beispielsweise zwei Noten mit dem Intervall einer Quarte spielen, hat die höhere Note eine Frequenz von 4/3 der niedrigeren Frequenz. Sind zwei Töne durch eine Quinte voneinander getrennt, ist das Verhältnis zwischen den Frequenzen 3/2. Von einem *A* mit 440 Hz beispielsweise ist das *E*, das sich eine Quinte darüber befindet, auf 660 Hz gestimmt.

LINEARES IM VERGLEICH ZU EXPONENTIELLEM WACHSTUM

Bei der Benennung eines Intervalls wird die Anzahl der Noten zwischen den beiden ausgewählten Noten gezählt, einschließlich der Anfangs- und Endnoten. Aus diesem Grund entspricht die Summenbildung für die Intervalle nicht mehr der Intuition. Wie viel ergeben eine Sekunde und eine Terz? Eine Quinte? Anhand von ein paar Beispielrechnungen erkennen wir schnell, dass dies nicht der Fall sein kann. Angenommen, wir haben ein *C* als Ausgangspunkt der Summe. Wenn wir eine Sekunde hinzuaddieren, gelangen wir von *C* nach *D*. Wenn wir eine Terz hinzuaddieren, gelangen wir von *D* nach *F*. Die Summe ist also keine Quinte, sondern eine Quarte. Die Summe von Intervallen folgt einer gewissen Linearität. Angenommen, wir nummerieren die Tasten eines Klaviers beginnend mit 1 für *A0* bis hin zu *C8*. Wir sehen, dass die *A*-Tasten die Nummern 1, 8, 15, 22, 29 usw. tragen. Das heißt, um von einem *A* zum nächsten zu gelangen, müssen wir uns um ein festes Inkrement von sieben Tasten bewegen. Wenn wir nicht die Tasten, sondern die Frequenzen dieser Noten betrachten, erkennen wir, dass das Wachstum nicht linear, sondern exponentiell stattfindet. *A0* auf dem Klavier ist mit 27,5 Hz gestimmt. Bis zum nächsten *A* nimmt die Frequenz nicht um einen bestimmten festen Wert zu, sondern wird mit 2 multipliziert, d. h. das nächste *A* ist mit 55 Hz gestimmt, das nächste mit 110 Hz usw.

Das Verhältnis zwischen den Längen von zwei Saiten ist das Inverse des Verhältnisses der Frequenzen der Saiten. Beispielsweise erzeugen zwei Saiten Klänge
mit einem Abstand einer Quinte, also 3/2, wenn ihre Längen das Verhältnis 2/3
aufweisen. Von jetzt an werden wir nicht mehr von der Länge von Saiten sprechen,
sondern stattdessen immer Frequenzverhältnisse nennen.

DAS ABSOLUTE GEHÖR

Ein absolutes Gehör verleiht denjenigen, die es besitzen, die Fähigkeit, gehörte Noten zu
erkennen, ohne eine weitere Referenz zu benötigen. Jemand kann eine Taste auf dem
Klavier anschlagen, und die Person mit dem absoluten Gehör erkennt die Note. Es besteht
jedoch keine direkte Beziehung zwischen absolutem Gehör und musikalischem Talent.
Häufig nimmt man an, Musiker hätten das absolute Gehör. In der Chormusik beispielsweise
ist es üblich, Stimmlagen so anzupassen, wie sie am besten zum jeweiligen Chor passen.
Dies wird beispielsweise erzielt, indem mit dem Singen einen Halbton unter dem
geschriebenen Ton begonnen, aber dieselbe Tonleiter beibehalten wird. Die gesungenen
Noten entsprechen also nicht den gelesenen Noten, was häufig Verwirrung bei Personen
mit absolutem Gehör verursacht, weil sie schlecht den Unterschied zwischen gelesener und
gehörter Musik kompensieren können.

Zwei Noten mit den Frequenzen 440 Hz und 880 Hz bilden eine sogenannte perfekte Oktave, und ihre Stimmung entspricht dem offiziellen A. Zwei Noten mit den Frequenzen 442 Hz und 884 Hz bilden auch eine Oktave, aber ihre Stimmung entspricht nicht dem offiziellen A von 440 Hz. Zwei Noten schließlich mit den Frequenzen 443 Hz und 887 Hz bilden keine perfekte Oktave, obwohl das Ohr ihr Verhältnis genau als „nichteingestimmte Oktave" erkennt.

Die proportionale Verbindung zwischen den Frequenzen von zwei Noten gestattet uns, eine zweite Note zu berechnen, die sich in der Distanz des gewünschten Intervalls eines bekannten Tons befindet. Dazu multiplizieren wir die erste Note mit dem entsprechenden Faktor. Wenn wir eine Frequenz F_1 kennen, können wir anhand des Verhältnisses F_2 berechnen. Liegen die Noten beispielsweise eine Quarte, also 4/3, voneinander entfernt, sieht die Berechnung wie folgt aus:

$$F_2 = F_1 \times \left(\frac{4}{3} \right).$$

Diese Berechnung kann wiederholt „verkettet" werden, indem die entsprechenden Faktoren multipliziert werden. Ist F_3 beispielsweise die obere große Terz (mit einem Frequenzverhältnis von 5/4) von F_2, kann das Verhältnis zwischen F_3 und F_1 berechnet werden, indem die folgenden Substitutionen vorgenommen werden:

$$F_3 = F_2 \times \left(\frac{5}{4} \right) = \left[F_1 \times \left(\frac{4}{3} \right) \right] \times \left(\frac{5}{4} \right) = F_1 \times \left[\left(\frac{4}{3} \right) \times \left(\frac{5}{4} \right) \right] = F_1 \times \left(\frac{5}{3} \right).$$

Die Berechnungen können auch in die andere Richtung erfolgen, indem statt multipliziert dividiert wird. Die Frequenz F_4 beispielsweise, die eine Quinte unter F_1 liegt, wird wie folgt berechnet:

$$F_4 = \frac{F_1}{(3/2)}.$$

Beide Ansätze für die Intervalle (d. h. ihre musikalischen und numerischen Beziehungen) sind eng miteinander verwandt. Ab jetzt verwenden wir jeweils den Ansatz, der am besten geeignet ist.

Stimmung eines Klaviers

Nun stellen wir uns der Aufgabe, zwölf Noten einer Oktave auf dem Klavier zu stimmen.

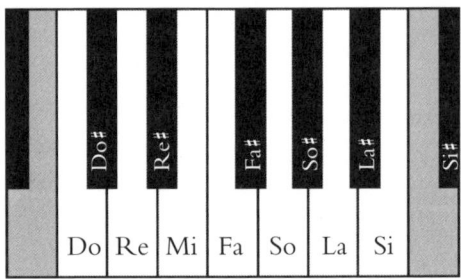

Dazu wenden wir ein Verfahren an, das auch als „Reduzierung auf die Oktave" bezeichnet wird. Nachdem ein *D* gestimmt wurde, wird es auf alle anderen *D*s auf dem Klavier übertragen, indem seine Frequenz mit 2 multipliziert oder durch 2 dividiert wird. Dasselbe passiert für alle anderen Noten.

Der Ausgangswert von *C* wird auf 1 normalisiert. Von dieser Basis aus wird jeder der Noten ein Wert zwischen 1 (dem *C*) und 2 (dem nächsten *C*) zugewiesen, der der proportionalen Frequenz der Note in Bezug auf *C* = 1 entspricht. Damit können wir die Werte aller anderen Noten bestimmen. Die gesamten Berechnungen können basierend auf einem beliebigen anderen Ausgangswert wiederholt werden (z. B. basierend auf dem *A* mit 440 Hz). Die zwölf Noten bedeuten, dass zwölf Schritte erforderlich sind, um von einem *C* zum nächsten zu gelangen. Jeder dieser Schritte ist ein sogenannter „Halbton". Wir nähern uns dem Problem an, indem wir zuerst die Entdeckungen der Pythagoreer betrachten, und dann die Methode, die sie für die Stimmung ihrer damaligen Musikinstrumente verwendet haben.

Die pythagoreische Tonleiter

Die pythagoreische Tonleiter ist um zwei Intervalle angeordnet: die Oktave, mit einem Verhältnis von 2/1 zwischen den Frequenzen der Noten, und die Quinte, mit einem Frequenzverhältnis von 3/2. Die Pythagoreer erhielten die verschiedenen Töne der Tonleiter, indem sie die Quinten verketteten und dann eine „Reduzierung auf die Oktave" durchführten, um diese Noten in dem Bereich zu platzieren, den sie erreichen wollten.

BENENNUNG DER NOTEN

Die Griechen benannten die Noten in Übereinstimmung mit den ersten Buchstaben des ionischen Alphabets, wobei sie demselben Ton unterschiedliche Buchstaben zuordneten, wenn dieser um einen Halbton oder doppelt erhöht war. Wenn *F* beispielsweise Alpha war, war Beta *F Kreuz*, und Gamma *F Doppelkreuz*. Auf diese Weise wurde die Tonleiter in absteigender Reihenfolge dargestellt, im Gegensatz zu heute. Die Römer verwendeten die ersten Buchstaben des Alphabets, um die Töne ihrer Tonleiter zu benennen. Im 5. Jahrhundert schrieb der Wissenschaftler Boethius ein fünfbändiges Traktat über die Musiktheorie, das auf einer Tonleiter mit fünfzehn Noten über zwei Oktaven basierte. Boethius bezeichnete jede der Noten mit einem anderen Buchstaben und ignorierte das zyklische Konzept der Oktaven. Der nächste Schritt bei der Benennung der Noten war, dieses zyklische Konzept zu berücksichtigen und gleiche Noten in unterschiedlichen Oktaven mit dem gleichen Buchstaben zu bezeichnen. Daraus entstand die englische und deutsche Namenskonvention, wobei die sieben Noten der ersten Oktave mit den Großbuchstaben von *A* bis *G* bezeichnet wurden, die Noten in der nächsten Oktave mit den Kleinbuchstaben von *a* bis *g* und die Noten in der dritten Oktave mit doppelten Kleinbuchstaben (d. h. *aa, bb, cc, dd, ee, ff, gg*). Damit hatten sieben von zwölf Tönen, die den weißen Tasten auf dem Klavier entsprechen, einen eigenen Namen. Die anderen fünf Töne (die schwarzen Tasten) wurden nachfolgend mit der Einführung des Konzepts der Kreuz-, natürlichen und *b*-Noten dargestellt. Sie hatten keine eigenen Namen, weil sie von den sieben Grundnoten abgeleitet waren. Im 16. Jahrhundert entwickelte der toskanische Mönch Guido d'Arezzo (um 992–1050) mnemonische Regeln für Künstler. Die bekannteste davon ist die „Guidonische Hand", die die Noten nach ihrer alphabetischen Notation ordnete und auf der Handfläche darstellte. Guido d'Arezzo gab den Noten außerdem neue Namen und ordnete jedem Ton die erste Silbe der Verse eines Chorals für den Heiligen Johannes zu, der zu dieser Zeit sehr bekannt war:

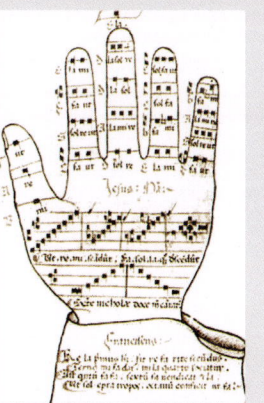

Ut queant laxis, **re**sonare fibris,

Mira gestorum, **fa**muli tuorum,

Solve polluti, **la**bii reatum,

Sancte **I**ohannes.

Nach einer Änderung von *ut* in *do* wurden daraus die Namen der sieben Noten der Tonleiter, wie sie unter anderem in Italien, Frankreich und Spanien verwendet werden. Im Englischen wird die Notation für die Tonika *sol-fa* verwendet: *do re*, *mi*, *fa*, *so*, *la*, *ti*.

Die Guidonische Hand aus einem mittelalterlichen Manuskript.

Beginnen wir mit *C* als Beispiel. Zuerst berechnen wir das Verhältnis der ersten aufsteigenden Quinte, um *G* zu erhalten. Unter Verwendung einer Verkettung erhalten wir *D*, dann *A*, ein *E* und schließlich ein *H*. Anschließend erreichen wir unter Verwendung der absteigenden Quinte von *C* aus *F*. Damit erhalten wir die sieben Töne der Tonleiter:

$$F \leftarrow C \rightarrow G \rightarrow D \rightarrow A \rightarrow E \rightarrow H.$$

Wenn wir weiter Quinten verketten, erhalten wir schließlich die elf Töne, die auch als die „chromatische Tonleiter" bezeichnet werden, die aus dem sogenannten „Quintenzirkel" besteht.

$$G\flat \leftarrow D\flat \leftarrow A\flat \leftarrow E\flat \leftarrow B\flat \leftarrow F \leftarrow C \rightarrow G \rightarrow D \rightarrow A \rightarrow E \rightarrow H \rightarrow F\sharp.$$

Dabei bezeichnen die Symbole *b* (♭) und *Kreuz* (♯) die Dekrement- und Inkrementschritte von jeweils einem Halbton.

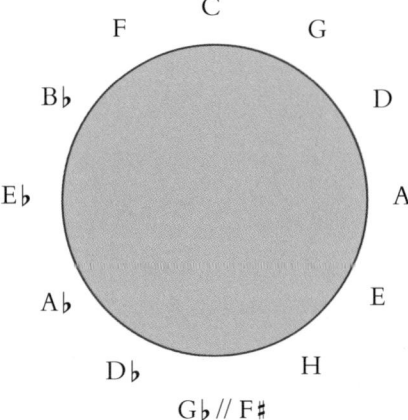

Nachdem wir die zwölf Noten durch wiederholte Verkettungen von Quinten erhalten haben, können wir alle Töne unter Verwendung der „Reduzierung auf die Oktave" innerhalb einer Oktave auf derselben Tonleiter anordnen.

Berechnungen

Jetzt wollen wir die Stimmung jeder Note durch Verkettungen von Quinten und „Reduzierung auf Oktaven" (d. h. Division durch 2 oder Multiplikation mit 2) bestimmen, sodass der Wert der relativen Frequenzen immer zwischen 1 (dem Verhältnis zwischen C und dieser Note) und 2 (dem Verhältnis zwischen C und dem C der nächsten Tonleiter) liegt.

Zunächst bestimmen wir G, das eine Quinte von C entfernt ist:

$$G = \frac{3}{2}.$$

Anschließend bestimmen wir D, eine Quinte von G entfernt (multipliziert mit 3/2), aber mit Reduzierung auf eine Oktave (Multiplikation mit 1/2):

$$D = G \times \frac{3}{2} \times \frac{1}{2} = \frac{3}{2} \times \frac{3}{2} \times \frac{1}{2} = \frac{9}{8}.$$

Der Abstand von C nach D ist ein „Ton", also äquivalent zu zwei Halbtönen. Jetzt kommt A, eine Quinte von D entfernt:

$$A = D \times \frac{3}{2} = \frac{9}{8} \times \frac{3}{2} = \frac{27}{16}.$$

Anschließend kommt E, eine Quinte von A entfernt, aber auf eine Oktave „reduziert":

$$E = A \times \frac{3}{2} \times \frac{1}{2} = \frac{27}{16} \times \frac{3}{2} \times \frac{1}{2} = \frac{81}{64}.$$

Vervollständigt wird die Tonleiter mit B, eine Quinte von E entfernt, und F, eine Quinte unterhalb von C, und um eine Oktave erhöht (mit 2 multipliziert).

Insgesamt haben wir also (wenn C einen auf 1 normalisierten Wert hat):

Noten	C	D	E	F	G	A	H	C
Frequenz-verhältnis	1	9/8	81/64	4/3	3/2	27/16	243/128	2

Dieses Verfahren kann fortgesetzt werden, um die Stimmungen der schwarzen Tasten zu erhalten (b oder Kreuz), mit Quinten von F absteigend.

Noten	D♭	E♭	G♭	A♭	H♭
Frequenz-verhältnis	256/243	32/27	1024/729	128/81	16/9

Das pythagoreische Komma

Eine Quinte von *H* absteigend erhalten wir *F♯*. Dies muss derselbe Ton wie *G♭* sein, den wir am anderen Ende erhalten, nachdem wir die entsprechende „Reduzierung auf eine Oktave" vorgenommen haben. Die Töne sind jedoch nicht genau gleich. Der Unterschied zwischen *F♯* und *G♭* wird als das „pythagoreische Komma" bezeichnet. Analog dazu sind auch die Grenztöne *F♯ – G♭* nach der entsprechenden „Reduzierung auf eine Oktave" nicht eine perfekte Quinte voneinander getrennt, sondern differieren um ein pythagoreisches Komma. Die etwas kleinere Quinte wird als die „Wolfsquinte" bezeichnet.

Bei der Erstellung des Quintenzirkels verketten wir zwölf Quinten und gelangen schließlich zu einer Note, die „fast" gleich der Ausgangsnote ist, allerdings mit einer Differenz von sieben Oktaven.

Dieses „fast" entspricht dem pythagoreischen Komma. Sein Wert (nennen wir ihn PC) kann basierend auf einer Frequenz *f* und einem Vergleich der Verkettung der zwölf Quinten beginnend mit *f* mit der Kette aus sieben Oktaven berechnet werden:

$$\mathrm{PC} = \frac{f \times \left(\dfrac{3}{2}\right)^{12}}{f \times 2^7} = 1{,}013643265.$$

Aus diesem Grund beträgt die Differenz etwas mehr als 1 % einer Oktave, oder fast einen Viertel Halbton. Diese Differenz entsteht aus der Tatsache, dass die Berechnung des Bruchs, der die Quinte definiert, nicht mit der Oktave kompatibel ist, wie leicht gezeigt werden kann. Deshalb müssen wir nach zwei Komponenten *x* und *y* suchen, die uns gestatten, die beiden Brüche zu „vereinen":

$$\left(\frac{3}{2}\right)^x = 2^y \implies$$

$$\frac{3^x}{2^x} = 2^y \implies$$

$$3^x = 2^x \times 2^y \implies$$

$$3^x = 2^{x+y}.$$

Aus dem letzten Ausdruck können wir ableiten, dass dies dasselbe wäre, wie eine Zahl zu finden, die sowohl eine Potenz von 2 als auch eine Potenz von 3 ist. 2 und 3 sind jedoch Primzahlen, dies würde also einem grundlegenden Satz der Arithmetik widersprechen, laut dem es für alle positiven ganzen Zahlen nur eine einzige Darstellung als Produkt von Primzahlen gibt. Der erste vollständige Beweis dieses Satzes von Euklid wurde von Carl Friedrich Gauß geführt. Daraus ergibt sich, dass die Intervalle von Quinten und Oktaven, wie sie von den Pythagoreern definiert wurden, nie ganz glatt ausgehen. Es gibt also keine chromatische Tonleiter, die nicht von dem unvermeidlichen pythagoreischen Komma begleitet wird.

Andere Stimmungen

Die menschliche Stimme erlaubt genau wie Streichinstrumente ohne feste Positionen (d. h. ohne Griffbretter) eine „natürliche Stimmung", d. h. eine Stimmung, die zu einer größeren Konsonanz zwischen den Noten führt, oder zu einer größeren Harmonie. Wie wir gesehen haben, wird die pythagoreische Tonleiter basierend auf einer Ausgangsnote konstruiert, von der aus die anderen Noten durch sukzessive Verkettung „reiner" Quinten bestimmt werden. Dies bringt jedoch bei der Suche nach einem guten Maß an Gleichklang mehrere arithmetische Nachteile mit sich. Der erste dieser Nachteile entsteht durch die Inkompatibilität von Oktav- und Quint-Intervallen, woraus sich die oben genannte Wolfsquinte ergibt. Der zweite Nachteil ist Folge einer anderen Art Inkompatibilität, in diesem Fall der Quinten und großen Terzen.

Bei der pythagoreischen Tonleiter erfolgt die Stimmung der Terzen durch Verkettung von vier Intervallen einer Quinte, was durch „Reduzierung auf Oktaven" numerisch äquivalent zu einem Frequenzverhältnis von 81:64 ist. Es gibt jedoch noch eine andere Möglichkeit, die Stimmung einer Terz zu bestimmen, indem das einfache Verhältnis 5/4 oder 80:64 verwendet wird. Dies sind die wirklich „reinen" Terzen. Daraus können wir schließen, dass die pythagoreische Tonleiter gute Quinten auf Kosten „unreiner" Terzen bevorzugt. Es gibt drei solcher Terzen auf den weißen Tasten des Klaviers: *C-E*, *F-A* und *G-H*.

Die diatonische Tonleiter

Die Suche nach einer „reinen" natürlichen Stimmung hat zu einer neuen Methode geführt, Töne und ihre Verhältnisse anzuordnen, die als „diatonische Tonleiter" bezeichnet wird. Sie ist der pythagoreischen Tonleiter ganz ähnlich, die alle ihre

Intervalle ausschließlich durch Verkettung von Quinten berechnet, besitzt aber eine komplexere Anordnung.

Ausgehend von *C* verwendet sie die Quinten-Intervalle, um die nächsten beiden wichtigsten Noten auf der Tonleiter zu berechnen: *F* und *G*. Anschließend berechnet sie *E*, *A* und *H* als reine Terzen von *C*, *F* bzw. *G*.

Die Tonleiter wird vervollständigt durch *D*, gestimmt als Quinte basierend auf *G*:

F	←	C	→	G	→	D
↓		↓		↓		
A		E		H		

Die Intervalle der diatonischen Tonleiter sind „reiner", d. h. akustisch stabiler. Dies zeigt sich auch in der gesteigerten Einfachheit der Verhältnisse zwischen Frequenzen, die die Intervalle beschreiben, aus denen sie sich zusammensetzen. Zuerst und immer beginnend bei *C*, normalisiert auf den Wert 1, werden *F* und *G* als perfekte Quinte von *C* berechnet: *F* wird auf 4/3 gestimmt, und *G* auf 3/2. Basierend auf dem *C* wird seine Terz, *E*, in einer Distanz von 5/4 berechnet.

Dieselbe Berechnung erfolgt, um *A* als Terz von *F* zu bestimmen:

$$A = F \times \frac{5}{4} = \frac{4}{3} \times \frac{5}{4} = \frac{5}{3}.$$

Und um *H* als Terz von *G* zu finden:

$$H = G \times \frac{5}{4} = \frac{3}{2} \times \frac{5}{4} = \frac{15}{8}.$$

Und schließlich wird *D* als perfekte Quinte von *G* berechnet, reduziert auf eine Oktave:

$$D = G \times \frac{3}{2} \times \frac{1}{2} = \frac{3}{2} \times \frac{3}{2} \times \frac{1}{2} = \frac{9}{8}.$$

Noten	C	D	E	F	G	A	H	C
Frequenz-verhältnis	1	9/8	5/4	4/3	3/2	5/3	15/8	2

Die Sequenz, nach der die Intervalle der diatonischen Tonleiter definiert wurden, folgt der Struktur der „tonalen Musik". Ein überwiegender Großteil aller Musik aus den vergangenen Jahrhunderten ist als tonale Musik verfasst, vom Barock über die Klassik bis hin zu Rock-, Pop- oder Countrymusik.

Bei der tonalen Musik sind die Noten hierarchisch um eine Hauptnote angeordnet, bezeichnet als Tonika oder Grundton. Jede Note hat in dieser Anordnung eine „musikalische" Funktion, wobei die verschiedenen Noten ein Spannungsspiel aufbauen, das die Entwicklung des musikalischen Prozesses antreibt. Diese Funktionalität bedeutet, dass bestimmte Intervalle (insbesondere mit ♯ und *b*, d. h. die schwarzen Tasten) besser anders gestimmt werden, abhängig vom Kontext, in dem sie verwendet werden. Die folgende Tabelle zeigt eine dieser möglichen Stimmungen.

Noten	*D*♭	*E*♭	*G*♭	*A*♭	*H*♭
Frequenz-verhältnis	16/15	6/5	45/32	8/5	16/9

Es gibt immer ein Problem ...

Die diatonische Tonleiter löst nicht die Probleme, die immer aufgrund der Inkompatibilität der Hauptintervalle einer Oktave auftreten: einer Quinte und einer Terz. Fast alle Quinten entsprechen 3/2, obwohl die Quinte *D-A* etwas kleiner ist: 40/27. Und das Ganze wird noch schlimmer, wenn wir versuchen, die Tonleiter mit ♯- und ♭-Noten zu vervollständigen – hier treten immer die Wolfsquinten auf.

Es gab verschiedene Versuche, das Problem unter Verwendung unterschiedlicher „Stimmungen" zu lösen, d. h. mit Systemen, die versuchen, die Schwierigkeiten beim Aufbau der Tonleiter aufzulösen, insbesondere die Reinheit der Stimmung bestimmter Intervalle zu lockern, sodass andere etwas akzeptabler werden. Abhängig von der höheren oder geringeren Reinheit jedes Intervalls definiert diese Option die Färbung jeder Stimmung.

Während diese Tonleitern und Stimmungen jedoch ein relatives Gleichgewicht für die verschiedenen Intervalle erzielen, aus denen sie sich zusammensetzen, handelt es sich um ein Gleichgewicht, das immer um die Tonika zentriert ist, also um die Note, aus der alle anderen berechnet wurden.

Solange diese Tonika als Zentrum bestehen bleibt, gibt es kein Problem. Wollen wir jedoch das tonale Zentrum ändern, ändert sich die gesamte Konfiguration der Tonleiter.

Obwohl die absolute Stimmung jeder Note beibehalten wird, verändert sich durch die Änderung des tonalen Zentrums das relative Gleichgewicht abhängig vom neuen tonalen Zentrum, womit sich die „Färbung" jeder Stimmung ändert.

Spielt man ein Werk, das mit dem tonalen Zentrum C komponiert wurde, auf einem Instrument mit einer auf C basierenden Stimmung unter Verwendung der diatonischen Tonleiter, hört sich das Ganze wie beabsichtigt an. Angenommen, wir wollen, ohne das Instrument zu wechseln, dasselbe Werk jetzt in einer höheren Tonlage spielen, sodass es beispielsweise auf D zentriert ist, wobei wir die Stimmung zentriert in C beibehalten, dann hört sich das Stück nicht nur höher, sondern auch verstimmt an.

Dies können wir anhand des Intervalls D-A überprüfen. Auf der diatonischen Tonleiter ist das Intervall nicht mit dem Verhältnis $3/2$ gestimmt, sondern mit $40/27$. Bei der neuen Wiedergabe mit D als Tonika würde sich das Intervall verschieben, um den Platz einzunehmen, der zuvor von dem Intervall C-G eingenommen wurde, gestimmt nach dem Verhältnis $3/2$.

Alle sind glücklich

Bisher war es nicht möglich, eine Tonleiter zu konstruieren, die keine Intervalle außerhalb der Stimmung enthält. Ist es möglich, eine Stimmung zu konstruieren, in der alle Verhältnisse zwischen den Noten beibehalten werden, unabhängig vom tonalen Zentrum? Das Problem kann nicht mit Hilfe der Kompensation von Intervallen gelöst werden, bei der die Stimmung der Noten erweitert oder reduziert wird. Die Lösung besteht darin, die Oktave als aus zwölf Intervallen zusammengesetzt zu definieren, die gleich weit voneinander entfernt sind. Diese zwölf Intervalle müssen zwölf gleiche Halbtöne sein, die zu einer Oktave angeordnet sind.

Vincenzo Galilei, der Vater von Galileo, hat bereits im 16. Jahrhundert angeregt, die Oktave in zwölf gleich große Halbtöne zu unterteilen. Das Verhältnis zwischen den Frequenzen der Halbtöne war $18/17$. Verkettet man zwölf dieser Intervalle, erhält man „kleine" Oktaven und Quinten mit $1,9855$ bzw. $1,4919$.

Konstruieren wir eine algebraische Gleichung. Sei x das Frequenzverhältnis, das zwischen zwei aufeinanderfolgenden Halbtönen vorliegen muss, sodass zwölf Intervalle von x gleich einer Oktave sind.

$$x^{12} = 2 \implies$$

$$x = \sqrt[12]{2}.$$

Definitionsgemäß ermöglicht der Wert 1,05946, zu einer „perfekten" Oktave zu gelangen. Das pythagoreische Komma ist gleich über alle Noten der Tonleiter verteilt.

Wie wir bereits gesehen haben, verteilen alle Tonleitern und Stimmungen in den verschiedenen historischen Zeiträumen das pythagoreische Komma gemäß den Intervallen, die als die wichtigsten betrachtet werden. Sie werden völlig rein gehalten, während das unwichtigste verzerrt wird. In der Stimmung mit dem Intervall 1,05946, bezeichnet als „ausgeglichene Stimmung", sind alle Intervalle gleich „verzerrt".

In diesem System wird die Stimmung jedes Intervalls berechnet, indem die Anzahl der für jeden Fall erforderlichen Halbtöne verkettet wird. Betrachten Sie beispielsweise ein Intervall einer Quinte; es setzt sich aus sieben Halbtönen zusammen, d. h. die Stimmung ist:

$$x^7 = (1{,}05946)^7 = 1{,}49830708.$$

Wendet man diese einfache Regel an, erhält man eine Tonleiter mit zwölf Tönen, und der Wert des Intervalls entspricht der folgenden Tabelle:

Noten	Werte der Intervalle	
C	$(1{,}05946)^0$	1
C♯	$(1{,}05946)^1$	1,05946309
D	$(1{,}05946)^2$	1,12246205
D♯	$(1{,}05946)^3$	1,18920712
E	$(1{,}05946)^4$	1,25992105
F	$(1{,}05946)^5$	1,33483985

Noten	Werte der Intervalle	
F♯	$(1{,}05946)^6$	1,41421356
G	$(1{,}05946)^7$	1,49830708
G♯	$(1{,}05946)^8$	1,58740105
A	$(1{,}05946)^9$	1,68179283
H♭	$(1{,}05946)^{10}$	1,78179744
H	$(1{,}05946)^{11}$	1,88774863
C	$(1{,}05946)^{12}$	2

Die ausgeglichene Stimmung wurde auf der ganzen Welt verwendet, vor allem für Instrumente mit fester Stimmung. Darüber hinaus scheint das menschliche Ohr sie extrem gut zu tolerieren. Es ist zwar sicher, dass einige Intervalle vielleicht zu groß sind (und im Gegensatz dazu einige sehr klein), aber sie hat zwei große Vorteile: Der erste, eher praktischer Natur, ist, dass es möglich ist, die vorhandenen Schlüssel zu verwenden, der zweite, von musikalischer Natur, ist, dass dank der Tatsache, dass alle Intervalle identisch sind, das System seine „Färbung" beibehält, unabhängig von seinem tonalen Zentrum (obwohl auch darauf hingewiesen werden sollte, dass nicht jeder dies als Vorteil wertet – zum Teil wird es auch als Verlust der Vielfalt betrachtet).

Beachten Sie, dass das, was wir bisher beschrieben haben, für jedes fest gestimmte Instrument gilt. Beispielsweise ist das der Fall für das Klavier, dessen Töne ihre Stimmung während eines musikalischen Vortrags beibehalten. Frei gestimmte Instrumente dagegen, wie beispielsweise die menschliche Stimme, können zwischen diatonischer und ausgeglichener Stimmung wechseln, wenn dies erwünscht ist.

Cents

Ein Cent ist eine logarithmische Maßeinheit für die Messung extrem kleiner Frequenzintervalle mit absoluter Genauigkeit. Es ergibt sich durch die Division jedes Halbtons in 100 gleich große Mikro-Intervalle. Eine Änderung von einem

Cent-Intervall ist zu klein, als dass das menschliche Ohr sie wahrnehmen würde.

Da es in einer Oktave zwölf Halbtöne gibt, ist der Cent eine Zahl c, sodass gilt:

$$(c^{100})^{12} = 2 \implies$$

$$c^{1200} = 2 \implies$$

$$c = \sqrt[1200]{2}.$$

Cents bieten uns eine neue Methode, das Maß von Intervallen für unterschiedliche Stimmungen zu vergleichen. Als logarithmisches Maß werden sie durch die Addition verknüpft (und nicht durch Multiplikation, wie in den vorherigen Fällen). Damit können Cents verwendet werden, um viele Berechnungen zu vereinfachen. Für ein Intervall p (ausgedrückt als sein proportionales Maß) ist sein Maß in Cents:

$$c(p) = 1,200 \times \log_2 p.$$

Dank dieser Formel wird es möglich, alle Intervalle neu zu berechnen und sie in Cents auszudrücken, um die Intervalle in unterschiedlichen Stimmungen vergleichen zu können:

		C	D	E	F	G	A	H	C
Pythagoreische Tonleiter	Proportionales Verhältnis	1	9/8	81/64	4/3	3/2	27/16	243/128	2
	Cents	—	203,91	407,82	498,04	701,95	905,86	1109,77	1200
Natürliche Tonleiter	Proportionales Verhältnis	1	9/8	5/4	4/3	3/2	5/3	15/8	2
	Cents	—	203,91	386,31	498,04	701,95	884,35	1088,26	1200
Gleiche Stimmung	Proportionales Verhältnis	1	1,1224	1,26	1,334	1,498	1,681	1,887	2
	Cents	—	200	400	500	700	900	1100	1200

Im Vergleich zu reinen Quinten sind die Quinten der ausgeglichenen Stimmung etwas klein. Die Terzen der ausgeglichenen Stimmung liegen auf der Hälfte zwischen den beiden anderen und sind damit größer als reine Terzen, aber kleiner als die pythagoreischen.

HARMONISCHE GLOCKENSPIELE

Windspiele bestehen aus verschiedenen kleinen Rohren unterschiedlicher Länge, häufig aus Metall, die an einem Ring befestigt sind. Ein großer, meist kreisförmiger Klöppel hängt in der Mitte und schlägt gegen die Rohre, wenn sie vom Wind bewegt werden. Die Stimmung der Rohre entspricht häufig einer pentatonischen Tonleiter, aber Windspiele können in den unterschiedlichsten Stimmungen hergestellt werden. Sowohl die proportionale Länge der Rohre als auch der Punkt, an dem das Loch für die Aufhängung angebracht ist, müssen präzise angeordnet werden. Die Tonleiter beginnt mit einem Rohr der Länge L, das den Grundton erzeugt. Die Längen der anderen Rohre, L_i, werden basierend auf der folgenden Formel berechnet:

$$L_i = \frac{L}{\left(R_i\right)^{\frac{1}{2}}}.$$

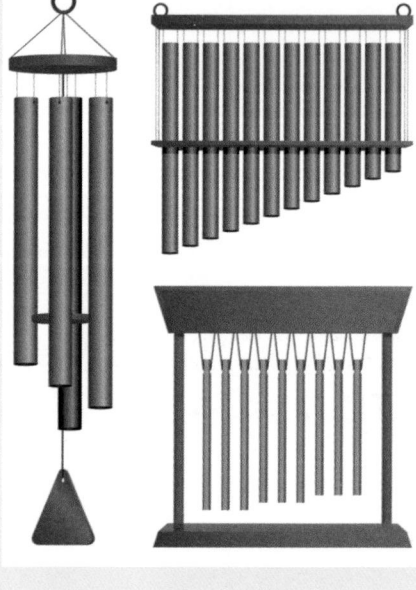

Unterschiedliche Windspiele aus Metallrohren.

Verhältnismäßigkeit

Die pythagoreische Welt war nicht mit Brüchen vertraut, wie wir sie heute kennen, dennoch verwendete sie das äquivalente Konzept der Verhältnisse zwischen ganzen Zahlen. Wie wir gesehen haben, gestattete ihnen diese spezifische Arithmetik, ihre Entdeckungen im Hinblick auf die Harmonie von zwei Saiten zu erklären, indem deren relative Längen verglichen wurden: 2:1, 3:2, 4:3 usw.

Eine der stärksten Überzeugungen der Pythagoreer und ein grundlegender Aspekt ihrer Vorstellung, dass Zahlen die Harmonie des Universums ausdrückten, war, dass zwei spezifische Maße immer in einem Verhältnis zueinander stehen, sodass sie unter Verwendung ganzer Zahlen verglichen werden können. Das Konzept der Verhältnismäßigkeit ist direkt mit dem Konzept der rationalen Zahlen verknüpft. Eine rationale Zahl ist das, was ganz allgemein als Bruch, Division, Verhältnis oder Quotient zwischen zwei ganzen Zahlen bezeichnet wird (wobei die zweite ganze Zahl ungleich 0 ist).

Die Frequenzverhältnisse R_i verknüpfen jeden Ton mit dem Grundton. Analog dazu muss der Verbindungspunkt auf einer Höhe von 22,4 % von der Stangenlänge angebracht werden. Die folgende Tabelle zeigt einige der Längen für Windspiele mit sieben Rohren.

Intervall	R_i	L_i	Verbindungspunkt
Grundton	1	30	6,72
Sekunde	1,125	28,28	6,34
Terz	1,25	26,83	6,01
Quarte	1,34	25,98	5,82
Quinte	1,5	24,49	5,48
Sexte	1,67	23,24	5,20
Septime	1,875	21,91	4,91
Oktave	2	21,21	4,75

Falls nötig, können auch kürzere Längen berechnet werden, beispielsweise eine absteigende Quarte. In diesem Fall ist der Anteil von R_i das Inverse der absteigenden Quarte:

Quarte (absteigend)	0,75	34,64	7,76

Modern ausgedrückt, würde eine Definition der pythagoreischen Verhältnismäßigkeit besagen, dass zwei spezifische Maße A und B verhältnismäßig sind, wenn es ein drittes Maß C und zwei ganze Zahlen p und q gibt, sodass C gleich p mal A und q mal B ist.

Anders ausgedrückt, es kann mit nur zwei ganzen Zahlen präzise ausgedrückt werden, um wieviel größer (oder kleiner) zwei Maße A und B im Vergleich zueinander sind. Sehr zu ihrer großen Konsternation kannten die Pythagoreer jedoch auch schon unverhältnismäßige Zahlen, d. h. Zahlen, die nicht als Verhältnis ganzer Zahlen ausgedrückt werden konnten, und die heute mit dem unvorteilhaften Begriff „irrational" bezeichnet werden. Die bekanntesten irrationalen Zahlen sind π und $\sqrt{2}$. Die Zahl $\sqrt{2}$ wird benötigt, wenn der Satz des Pythagoras angewendet wird, um die Hypotenuse eines rechtwinkligen Dreiecks zu berechnen, dessen Katheten oder Schenkel den Wert 1 haben. Ironischerweise unterminierte Pythagoras mit seinem Meisterstück den Rest seiner Weltsicht, an der er streng festhielt, was die Harmonie der Zahlen betrifft.

Wie bereits erwähnt, bedeutete der Vorschlag von Vincenzo Galilei, Intervalle unter Verwendung eines Verhältnisses ganzer Zahlen von 18/17 zu stimmen, dass es nicht möglich war, reine Oktaven zu erhalten. Seine Wahl von 18/17 stellt eine gute Annäherung dar, aber wir sollten überlegen, ob es eine weitere rationale Zahl

DIE DREI MITTELWERTE

Pythagoras war von seiner Kenntnis der Mittelwerte (arithmetisch, geometrisch und harmonisch) beeinflusst, ebenso wie von der Mystik der natürlichen Zahlen, insbesondere der ersten vier, auch als „Tetrakys" bezeichnet.

Wie im folgenden Diagramm zu erkennen ist:

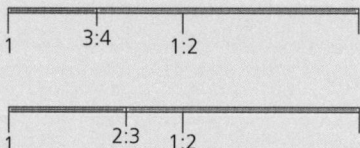

Ist 3:4 der arithmetische Mittelwert von 1 und 1/2:

$$1 - \frac{3}{4} = \frac{3}{4} - \frac{1}{2}.$$

Während 2:3 der harmonische Mittelwert von 1 und 1/2 ist:

$$\frac{1 - \frac{2}{3}}{1} = \frac{\frac{2}{3} - \frac{1}{2}}{\frac{1}{2}}.$$

Pythagoras bewies anhand von Experimenten, dass Seiten mit Längen in den Verhältnissen 1:2 und 2:3 (harmonischer Mittelwert aus 1 und 1/2) und 3:4 (arithmetischer Mittelwert aus 1 und 1/2) zu angenehmeren Tonkombinationen führen. Wie wir wissen, hat er eine Tonleiter basierend auf diesen Proportionen erstellt. Er bezeichnete diese Intervalle als „Diapason", „Diapente" und „Diatessaron". Heute werden sie als Oktave, Quinte und Quarte bezeichnet. Aber was ist mit dem geometrischen Mittelwert passiert? Wurde er aufgrund seiner Unmessbarkeit verworfen? Er entsprach genau *F Kreuz* auf der chromatischen Tonleiter!

äquivalent zu $\sqrt[12]{2}$ gibt, das Maß des Halbtons der gleichen Stimmung. Das entspricht der Frage, ob es zwei positive ganze Zahlen a und b gibt, sodass gilt:

$$\frac{a}{b} = \sqrt[12]{2}.$$

Die Antwort lautet: Es gibt keine solche rationale Zahl. Damit ist es unmöglich, den Halbton mit einem Verhältnis ganzer Zahlen a/b so zu stimmen, dass die zwölf verketteten Halbtöne eine „echte" Oktave bilden. Würde es eine solche Zahl geben, hätten wir:

$$\left(\frac{a}{b}\right)^{12} = 2 \implies$$

$$\left(\frac{a^6}{b^6}\right)^2 = 2.$$

Damit hätten wir zwei ganze Zahlen $a' = a^6$ und $b' = b^6$ gefunden, sodass gilt $(a'/b')^2 = 2$, und damit festgestellt, dass $\sqrt{2}$ eine rationale Zahl ist, was nicht stimmt, wie wir wissen.

Was würden die Pythagoreer sagen, wenn sie wüssten – wie Sie, nachdem Sie dieses Buch gelesen haben –, dass es die irrationalen Zahlen sind, mit denen das Stimmungsproblem schließlich gelöst wird?

Kapitel 2

Die andere Dimension: Zeit

Ich bin davon überzeugt, dass der Rhythmus der ursprüngliche und wahrscheinlich
maßgebliche Teil der Musik ist. Ich nehme an, es gab ihn schon vor der Melodie und der
Harmonie, und ehrlich gesagt, habe ich eine geheime Schwäche für diese Komponente.
Olivier Messiaen (1908–1992)

Das Universum verändert sich fortlaufend. Biologische, meteorologische, geologi-sche und astronomische Prozesse, all dies passiert im Wandel der Zeit. In diesem in stetiger Bewegung befindlichen Universum können auch die Menschen nicht vor der Zeit flüchten. Der Rhythmus gibt vor, wie diese Ereignisse innerhalb der Zeit stattfinden – sowohl in natürlichen Prozessen als auch in denjenigen, die durch das Eingreifen des Menschen verursacht werden.

Die Mondphasen und die Gezeiten, die Jahreszeiten, Tag und Nacht, sie alle tanzen im Rhythmus der Himmelskörper in ihren Umlaufbahnen. Glücklicher-weise konnte die Menschheit die Zeit mit neuen Schrittweiten überlisten, weit entfernt vom strengen Takt der Uhr. Kurz gesagt, wir beschreiben die Abfolge und Wiederholung von Ereignissen mit dem Konzept des Rhythmus. Der musikalische Rhythmus ist die Frequenz, in der bestimmte Töne ausgegeben werden.

Seit prähistorischen Zeiten hat der Mensch versucht, melodische Äußerungen auf grafische Weise festzuhalten. Neumen, primitive musikalische Symbole, ver-mitteln einen Eindruck von der Phrasierung und der Intensität eines Liedes, aber übermitteln keine Informationen über Tonhöhen oder präzise Rhythmen. Man musste die Melodie kennen, mündlich oder durch Nachahmung übertragen, um den Neumen ihren musikalischen Sinn entnehmen zu können.

Rhythmische Gruppierungen: Rhythmus, Takt, Betonungen

Bei ansprechender Musik sind die Zuhörer häufig versucht, mit dem Fuß mitzu-wippen – oder entsprechende Hand- oder Kopfbewegungen im Takt auszuführen. Diese erste rhythmische Gruppierung, die wir wahrnehmen, wird häufig als der

„Takt", „Beat" oder auch „Schlag" bezeichnet. Durch den rhythmischen Inhalt dieser Schläge kann der Zuhörer seine Aufmerksamkeit intensivieren und anpassen. Dieser Inhalt ist ein interner Rhythmus, auch als „Taktspielweise" bezeichnet. Es gibt zweierlei Arten von Rhythmus: „binär", wobei der Takt in zwei Teile aufgeteilt wird, und „ternär", wobei der Takt in drei Teile aufgeteilt wird. Wird der Takt als in vier Teile unterteilt wahrgenommen, spricht man ebenfalls von einer binären Spielweise. Größere Gruppierungen werden häufig als aus kleineren Gruppen zusammengesetzt interpretiert. Beispielsweise 5 = 3 + 2 oder 5 = 2 + 3. Man kann sagen, der Rhythmus ist der Herzschlag eines Musikstücks.

Von Griechenland zu den ersten proportionalen Noten

Das erste historische Beispiel für eine aufgezeichnete musikalische Notation stammt aus dem „Fruchtbaren Halbmond", von einer Tafel, die auf ca. 2.000 v. Chr. datiert wird, und die im sumerischen Bezirk Nippur, im heutigen Irak, gefunden wurde. Sie stellt ein Musikstück unter Verwendung der diatonischen Tonleiter dar, das in harmonischen Terzen komponiert wurde. Später entwickelten die Griechen ihr eigenes Notationssystem, mit dem sie die Höhe und die Dauer einer Note darstellen konnten, allerdings keine Harmonien (s. Seikilos-Stele auf gegenüberliegender Seite).

Mit dem Niedergang Roms geriet all das in Vergessenheit, und erst in der zweiten Hälfte des 9. Jahrhunderts, als man gregorianische Gesänge aufzeichnen wollte, entstand ein neues System in Europa, das „neumische" System, abgeleitet von der Silbenstruktur der lateinischen Poesie. Neumen waren primitive musikalische Symbole. Ihre Form gab die ungefähre Note zu einem bestimmten Abschnitt eines Worts der Hymne an. Sie vermittelten eine mehr oder weniger vollständige Vorstellung der Phrasierung und der Intensität des Musikstücks, aber es konnten keine präzisen Rhythmen oder Tonhöhen dargestellt werden. Damit war es notwendig, mit der Melodie vertraut zu sein und es war erforderlich, sie akustisch weiterzugeben, damit ein Sänger die in der neumischen Notation dargestellte musikalische Information interpretieren konnte. Um diese Einschränkungen zu überwinden, wurden die Neumen zusammen mit komplizierten ergänzenden Kommentaren bereitgestellt, und darüber hinaus mit einer Angabe der relativen Tonhöhe, die anhand von vier parallelen Linien angegeben wurde, was als Ursprung unserer heutigen Notenzeilen betrachtet werden kann.

In der zweiten Hälfte des 13. Jahrhunderts fand in Europa eine maßgebliche Säkularisierung der Kunst statt, die gleichzeitig zu einem Verlust der Bedeutung

EINE HYMNE AUF DIE FLÜCHTIGE NATUR DES LEBENS

Die Seikilos-Stele ist ein gravierter Grabstein auf einem griechischen Grab im Bezirk Aydin in der heutigen Türkei. Der vollständige Text auf der Stele lautet: „Ich bin ein Bild in Stein. Seikilos hat mich hier aufgestellt, wo ich auf ewig bleibe, als Symbol zeitloser Erinnerung." Dem Text folgt ein Musikstück, komponiert zu den Worten einer Hymne, für die verschiedene Buchstaben und Symbole verwendet wurden. Transkribiert in modernes Griechisch sieht das Stück wie folgt aus:

C Z̄ Z̈ ΚΙΖΊ Κ̄ Ι Ż Ϊ̣Κ̣ Ο C̄ ΟΦ̈
Ὄ σον ζῇς, φαί νου, μη δὲν ὄλ ως σὺ λυ ποῦ·

C   ΚΖΊ Κ̣ΙΚC̄ ΟΦ̈ C ΚΟ Ι Ζ Κ̄ CC̣ϹΧ̣Ϊ
πρὸς ὀλ ί γον ἐ στὶτὸ ζῆν, τὸ τέ λος ὁ χρόνος ἄπαι τεῖ.

Der Text der Hymne kann wie folgt übersetzt werden:

„Leuchte, so lange du lebst.
Trauere über nichts zu viel.
Eine kurze Frist bleibt zum Leben.
Das Ende bringt die Zeit von selbst."

Die Musik sieht in moderner Notation wie folgt aus:

religiöser Institutionen führte. Bis zu diesem Zeitpunkt fanden Kompositionen fast ausschließlich in religiösen Kreisen statt, und außerhalb dieser Umgebung zeichnete sich die populäre Musik durch eine reichhaltige polyphone Entwicklung aus, für die eine andere Notation notwendig wurde.

Gegen Ende des 13. und Anfang des 14. Jahrhunderts wurde eine neue, effizientere Methode der musikalischen Notation entwickelt, dokumentiert von Philippe de Vitry (1291-1361) in seinem Werk *Ars Nova*. Er entwickelte ein grafisches System für die Darstellung dieser neuen Polyphonie, bei der mehrere Stimmen mit größter Präzision für die Darbietung erforderlich waren.

SILBEN UND MELISMAS

In Europa wurde Musik zu Beginn des 18. Jahrhunderts unter Verwendung von Neumen und eines Rasters aus vier parallelen Zeilen notiert, gekennzeichnet mit einem Schlüssel, der die Tonhöhe angab.

Ein anschauliches Beispiel für die Komplexität, die durch die neumische Notation entstand: Ein Buch mit finnischen Chorälen aus dem Graduale Aboense, *zwischen dem 13. und 14. Jahrhundert.*

Die Choräle, bei denen jede Note einer Silbe entspricht, werden als syllabisch bezeichnet, während diejenigen, bei denen eine Silbe über eine ganze Notenfolge gesungen werden kann, als melismatisch bezeichnet werden. Ist die Notenfolge aufsteigend, werden die Neumen, die sie kennzeichnen, als gerade Quadrate dargestellt, die von unten nach oben gelesen werden. Ist die Folge absteigend, sehen sie wie Diamanten aus und werden von links nach rechts gelesen. Eine Neume, die beispielsweise eine mit drei Noten gesungene Silbe zeigt, hat vier Variationen.

Perfectum/Imperfectum

Die *Ars Nova* war in vielerlei Hinsicht revolutionär und konkretisierte, was in verschiedenen musikalischen Studien dieser Zeit bereits skizziert worden war. Bis zu diesem Zeitpunkt wurde aufgrund des Vorherrschens religiöser Musik die ternäre Spielweise bevorzugt, da die Zahl 3 der Heiligen Dreifaltigkeit und damit der Perfektion zugeschrieben wurde. Die Arbeit von Philippe de Vitry schuf das Fundament für eine Notation, die die rhythmischen Anforderungen eines immer komplexer werdenden musikalischen Ausdrucks festhalten konnte, wo ternäre und binäre Spielweise nebeneinander existierten. Die von dem französischen Musiker

	Scandicus	Drei aufsteigende Noten.
	Climacus	Drei absteigende Noten.
	Torculus	Eine Note gefolgt von einer aufsteigenden und einer dritten absteigenden Note.
	Porrectus	Aufsteigende Note, absteigende Note, aufsteigende Note.

Die neumische Notation verwendet später Symbole, die uns vertrauter sind, und die deutlich die historischen Ursprünge der modernen Notation zeigen.

	b	Dieses Symbol hat dieselbe Bedeutung wie das aktuelle *b* und wurde nur auf der Linie für *H* dargestellt.
	Mora	Vergleichbar mit der modernen Notation bedeutet ein Punkt hinter einer Note, dass sie verlängert werden soll.

und Dichter entwickelte Lösung war insofern höchst genial, als sie sowohl eine binäre als auch eine ternäre Spielweise unter Verwendung derselben Zeichen oder Noten unterstützte. Die Methode basiert auf drei proportionalen Systemen und führte eine neue Note ein, „Minima", die der vorhandenen Sammlung bestehend aus „Longa", „Brevis" und „Semibrevis" hinzugefügt wurde. Die drei möglichen Proportionen zwischen den Noten sehen wie folgt aus:

- Modus (*modus*): Beziehung zwischen Longa und Brevis.
- Tempo (*tempus*): Beziehung zwischen Brevis und Semibrevis.
- Prolation (*prolatio*): Beziehung zwischen Semibrevis und Minima.

Die beiden ersten Proportionen, Modus und Tempo, können entweder sein:

– Ternär oder perfekt.
– Binär oder imperfekt.

Für den dritten Typ der Proportion, die Prolation, wurde festgelegt:

– Moll, wenn sie binär war.
– Dur, wenn sie ternär war.

Die folgende Tabelle zeigt die Proportionen zwischen den verschiedenen Noten sowie die Äquivalenzen im Hinblick auf die Dauer der Noten bezüglich der verschiedenen Proportionen.

Proportion	Noten	Beziehung zwischen den Noten
Modus perfectum	Longa/Brevis	1 Longa = 3 Brevis
Modus imperfectum	Longa/Brevis	1 Longa = 2 Brevis
Tempus perfectum	Brevis/Semibrevis	1 Brevis = 3 Semibrevis
Tempus imperfectum	Brevis/Semibrevis	1 Brevis = 2 Semibrevis
Prolatio major	Semibrevis/Minima	1 Semibrevis = 3 Minima
Prolatio minor	Semibrevis/Minima	1 Semibrevis = 2 Minima

Man muss beachten, dass die Eigenschaft „binär" oder „ternär" nicht ausschließlich auf den Takt anzuwenden ist, sondern auch in größeren rhythmischen Gruppierungen wiederholt wird. Beispielsweise kann ein Takt zwei oder drei Schläge aufweisen und damit auch als binär oder ternär bezeichnet werden. Takte und Schläge sind einfach nur eine Konvention, die eingeführt wurde, um den Rhythmus besser verstehen und aufzeichnen zu können. Sie basieren auf einem einfachen Prinzip – sie unterteilen ein Musikstück in gleiche Zeiteinheiten.

Takte werden gebildet, indem der erste Schlag einer Folge von zwei oder drei Schlägen betont wird, sodass sie zu einem Muster gruppiert werden. Im Fall eines binären Takts beispielsweise ist dies EINS zwei, EINS zwei, während es bei einem ternären Takt EINS zwei drei, EINS zwei drei ist. In moderner Notation wird die Zeitsignatur eines Takts unter Verwendung eines Bruchs x/y dargestellt, wobei x die Anzahl der Noten ist, die in einen Takt passen, und y der Typ der Note (1 steht für eine ganze Note, 2 für eine halbe Note, 3 für eine Viertelnote usw.). Wir werden später noch einmal auf diesen Punkt eingehen, wenn wir es mit anderen Aspekten des Takts und seiner Notation zu tun haben. Jetzt noch einmal zurück zu Philippe de Vitry. Mit der Kombination aus Tempo und Prolation und den verschiedenen Schlagtypen erzielte die *Ars Nova* klar differenzierte und wohldefinierte Rhythmen, die wie folgt mit Symbolen dargestellt wurden:

- Ein Kreis mit einem Punkt in der Mitte stellte einen ternären Takt dar, mit ternärer Spielweise, äquivalent zu der aktuellen 9/8-Takt-Signatur.
- Ein Kreis ohne Punkt stellte einen ternären Takt dar, mit binärer Spielweise, äquivalent zu der aktuellen 3/4-Takt-Signatur.
- Ein großes C mit einem Punkt in der Mitte stellte einen binären Takt mit ternärer Spielweise dar, äquivalent mit der aktuellen 6/8-Takt-Signatur.
- Ein großes C ohne Punkt stellte einen binären Takt dar, mit binärer Spielweise, äquivalent zu der aktuellen 2/4-Takt-Signatur.

Die folgende Tabelle zeigt einen Überblick über diese vier Rhythmen, zusammen mit den Symbolen, die damals verwendet wurden, und den Äquivalenzen zwischen den verschiedenen Noten. Beachten Sie, wie im *Tempus perfectum / Prolatio major*, eine Brevis-Note (das Quadrat) äquivalent zu den drei Semibrevis (Rauten oder Diamanten) ist, die wiederum äquivalent zu drei Minima sind (eine Raute mit einem vertikalen Strich).

Tempus perfectum	Prolatio major	9/8	⊙ ▪ = ◆ ◆ ◆ = ↓↓↓ ↓↓↓ ↓↓↓
Tempus perfectum	Prolatio minor	3/4	○ ▪ = ◆ ◆ ◆ = ↓↓ ↓↓ ↓↓
Tempus imperfectum	Prolatio major	6/8	⊙ ▪ = ◆ ◆ = ↓↓↓ ↓↓↓
Tempus imperfectum	Prolatio minor	2/4	⊂ ▪ = ◆ ◆ = ↓↓ ↓↓

PHÄNOMEN UND DARSTELLUNG

So wie die Mathematik Modelle erschafft, die versuchen, ein Konzept der Realität festzuhalten, muss auch die musikalische Notation als grafische Darstellung des Phänomens betrachtet werden – nicht umgekehrt. Erhält ein Musiker das schriftliche Material zu einem Werk, das er nie zuvor gehört hat, erhält er nur eine „Annäherung" an die musikalische Idee des Komponisten im Hinblick auf die Noten. Hört man verschiedene Versionen desselben Werks von unterschiedlichen Musikern interpretiert, kann man die Vielfalt der Betrachtungsweisen verstehen. Etwas Ähnliches passiert bei geschriebenen Texten, die vorgelesen oder rezitiert werden: Ein Gedicht beispielsweise kann, gelesen mit der Stimme eines Schauspielers, eine nicht fassbare Ausdrucks- und Bedeutungskraft haben, deren Magie unmöglich auf Papier übertragen werden können. Eine Karte eines Landes ist nur eine zweidimensionale grafische Darstellung des Landes. Sie ist nicht das Land selbst, aber sie kann als Hilfe und Wegweiser für Reisen verwendet werden. Noten können einen technischen Aspekt der Musik darstellen, ihre Interpretation jedoch liegt in der Hand des Musikers, dessen ästhetische Entscheidungen die Botschaft ausmachen und dem Stück eine Bedeutung geben.

Percussion: Der reine Rhythmus

Rhythmus ist in Melodie verpackt, deren Höhe und Intensität sich ändern kann. Bei der Percussion dagegen wird der reine Rhythmus dargestellt. Es gibt Ausbrüche im Hinblick auf Intensität, Höhe und Timbre, die sie ein wenig ausschmücken. Aber neben diesen Nuancen kann man sagen, der Schlag ist entweder da, oder er ist nicht da – dazwischen gibt es nichts. Der Rhythmus ist damit ideales Territorium für eine mathematische Expedition. In der Percussion sind zyklische Sequenzen durch die Verteilung von Phrasen charakterisiert. Wir wollen nur diese Phrasen aufzeichnen, losgelöst von den Verlängerungen der Noten, die durch Resonanz entstehen. Auf diese Weise ist es möglich, die präzise Phrase wahrzunehmen und die Sequenz zu verstehen. Wir können zwischen drei Ebenen rhythmischer Wahrnehmung abhängig vom Maß der Intensität unterscheiden:

– Die erste Ebene, die schnellste Phrase, entspricht den Aufgliederungen des Schlags. Wir nummerieren sie beginnend beim ersten Schlag als 1, 2, 3 usw., bis wir den neuen Takt erreicht haben und die Zählung von vorn beginnt.

– Auf der zweiten Ebene befinden sich die eigentlichen Schläge, die jeweils der Nummer 1 in der Folge entsprechen.

– Auf der dritten Ebene befinden sich Schläge, die man intensiver hört, sogenannte Betonungen.

Eine Taktsignatur von 9/8 in drei Ebenen, wie oben beschrieben, würde wie folgt aussehen:

1.	1	2	3	1	2	3	1	2	3	1	2	3	1	2	3	1	2	3	...
2.	1			1			1			1			1			1			...
3.	1									1									...

Betrachten wir die zweite Zeile, die nur die Schläge zeigt, als Ausgangspunkt. Füllen wir die leeren Stellen mit Nullen auf, erhalten wir eine deutlichere Darstellung der Schlagabfolge. Jede 1 stellt eine Note dar, jede 0 eine Pause: der reine Rhythmus.

1	0	0	1	0	0	1	0	0	1	0	0	1	0	0	1	0	0	...

Die Schläge bilden die Struktur, an der die Musik ausgerichtet wird, vergleichbar mit den Kettfäden, die beim Weben von Textilien verwendet werden. Damit haben wir also Noten und Pausen. Jetzt wollen wir das „Achtel" als Maß für diese Schläge einführen, dargestellt als ♪. So wie es nur Noten und Pausen gibt, gibt es nur Achtel und Achtelpausen. Pausen werden durch das Symbol ♵ dargestellt. Die grundlegendste Einheit aus einer Note und einer Pause (oder einem Achtel und einer Achtelpause) ist ein „Viertel", dargestellt als das Symbol ♩. Und schließlich wollen wir noch ein neues Symbol in unserer Notation einführen, die „punktierte Note", ♩·, um Fälle zu kennzeichnen, bei denen eine Note länger gehalten werden soll, äquivalent zu der Folge ♪♵.

Damit haben wir insgesamt ein Binärsystem, wobei die Werte 1 und 0 Achteln bzw. Achtelpausen zugeordnet sind. In einem 4/4-Takt wird das Äquivalent zu den Symbolen in unserer Notation geschrieben als:

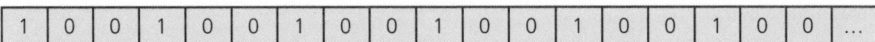

Beachten Sie, dass die Folge Note-Pause-Note-Pause zweimal wiederholt wird. Ein Takt mit zwei Schlägen, die jeweils einem punktierten Viertel entsprechen (6/8), wird dargestellt als:

♩·	♩·	=	♪	♵	♵	♪	♵	♵	=	1	0	0	1	0	0

Abdeckung des hörbaren „Raums"

Das folgende Kapitel analysiert den Aufbau des Kanons genauer. Hier beschränken wir uns auf den rhythmischen Aspekt solcher Musik, bezeichnet als „rhythmischer Kanon". Die gleichzeitige Wiedergabe verschiedener rhythmischer Zellen ist nicht ganz einfach, weder für einen Einzelinterpreten noch für mehrere Interpreten. Man kann sich dieses Verfahren als den rhythmischen Kanon vorstellen.

Wir beginnen mit dem Rhythmus ♩. ♩. ♩ = 3 + 3 + 2 = 10010010, zyklisch dargeboten von zwei Musikern. Der zweite beginnt mit seiner Folge nach der ersten Phrase des ersten Musikers.

1	0	**0**	1	0	**0**	1	0	1	0	**0**	1	0	**0**	1	0	1	0	...
	1	**0**	0	1	**0**	0	1	0	1	**0**	0	1	**0**	0	1	0	1	...

In der obigen Abfolge sehen wir, dass an den Punkten 3, 6, 11 usw. (fett gedruckt) kein Rhythmus gespielt wird. Es gibt ein paar rhythmische Muster, die „im Kanon" wie folgt gespielt werden können:

a) Zwei Musiker beginnen nicht gleichzeitig mit der Darbietung,
b) es gibt keinen Punkt, an dem keiner von beiden spielt.

Diese Situation kann verglichen werden mit dem mathematischen Problem, die Ebene mit einem Mosaik abzudecken, d. h. die gesamte Ebene mit einem regelmäßigen geometrischen Muster zu bedecken. In unserem Fall handelt es sich um die hörbare Ebene.

Natürlich erfüllt eine einfache Struktur wie ♩. ♩. = 100100 diese Anforderung. Schwieriger wird es, wenn die grundlegende rhythmische Abfolge länger wird. Die folgende Folge mit zwölf Noten

1	0	0	0	0	1	0	0	0	0	1	1

deckt die hörbare Ebene ohne Pausen vollständig ab, wenn sie in einem Kanon gespielt wird, dessen Einsätze alle drei Phrasen erfolgen. Betrachten wir die Progression der drei Stimmen:

1	0	0	0	0	1	0	0	0	0	1	1	1	0	0	0	0	1	0	0	0	0	1	1	...
			1	0	0	0	0	1	0	0	0	0	1	1	1	0	0	0	0	1	0	0		...
						1	0	0	0	0	1	0	0	0	0	1	1	1	0	0	0			...

PROPOSTA UND RISPOSTA

Das Wort „Kanon" wurde ursprünglich verwendet, um die Regeln für die Sänger festzulegen, wenn sie Lieder vortrugen. Ab dem 16. Jahrhundert jedoch bezeichnet das Wort
einen bestimmten Kompositionstyp, wobei ein Führer (auch als *Dux* oder *Proposta* bezeichnet) immer dieselbe Melodie spielt, die dann von einem oder mehreren Nachfolgern (die
Comes oder *Risposta*) wiederholt wird. Die Melodie der Nachfolger kann rhythmisch äquivalent zu der des Führers sein, aber auch ganz im Gegenteil aus Transformationen mit
zunehmender oder abnehmender Komplexität bestehen. Ein bekanntes Beispiel für einen
Kanon ist das Kinderlied *Bruder Jakob*, wobei die Nachfolger dieselbe Anfangsmelodie
wiederholen, ohne eine musikalische Variation einzuführen.

Die Transformationen, die für die aufeinanderfolgenden Stimmen eines Kanons verwendet
werden können, umfassen: die Anzahl der Stimmen; die „Wartezeit" zwischen der ersten
und den nachfolgenden Stimmen oder sogar zwischen unterschiedlichen Stimmen, wenn
sie nicht immer gleich sind; das Tempo der von den Nachfolgern gesungenen Melodie;
ob die Melodie der Nachfolger eine Umkehrung der anfänglichen Melodie ist, eine rück-
schreitende Umwandlung oder sogar eine Kombination aus beidem usw.

Der Kanon war eine sehr häufige Kompositionsform für religiöse Musik und fand seinen
größten Ausdruck in den Arbeiten der Komponisten des späten Mittelalters, wie beispielsweise Guillaume de Machaut, ebenso wie von Künstlern der Renaissance, wie Josquin
Desprez. Der bekannteste Künstler, der die Kanontechnik einsetzte, und ganz allgemein
viele andere strukturtechnisch komplexere Musikformen, für die er Beispiele demonstrierte,
die als perfekt „kanonisch" betrachtet werden, war der großartige Johann Sebastian Bach.

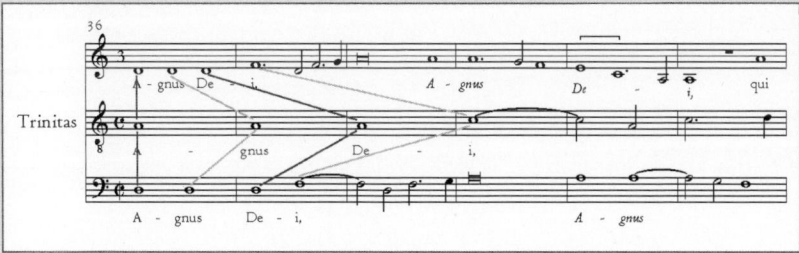

Die ersten Zeilen der Messe L'Homme armé super voces musicales *von
Josquin Desprez, deren erste Bewegung in einem dreistimmigen Kanon
besteht. Die mittlere Stimme ist die langsamste, die dritte singt zweimal so
schnell wie die zweite und die erste dreimal so schnell. Linien verbinden
die vier ersten Noten der Komposition jeder der drei Stimmen.*

Aus mathematischer Perspektive ist es ganz interessant, zu überlegen, ob es eine Methode gibt, mit der es möglich ist, Folgen dieser Art zu entwerfen. Sie müsste die folgenden Faktoren berücksichtigen:

– Gesamtzahl der Phrasen (p).

– Anzahl der Stimmen (v).

– Verschiebung des Einsatzes der Stimmen (s).

Die folgenden Bedingungen müssen für den Kanon gelten, damit eine Lösung gefunden werden kann:

– Die Anzahl der Phrasen (p) muss durch v teilbar sein.

– Die Anzahl der Phrasen, p, muss unter Verwendung von v Stimmen abgedeckt werden. Da alle Stimmen gleich sind, muss die Struktur insgesamt p/v „Einsen" haben.

– Die aufeinanderfolgenden Einsätze werden um einen Wert von p/v verschoben, womit sichergestellt ist, dass es keine Positionen gibt, an denen die Einsen doppelt auftreten.

Betrachten wir ein Beispiel mit vier Phrasen ($p = 4$) und zwei Stimmen ($v = 2$). Die Struktur muss alle $p/v = 4/2 = 2$ Phrasen einen Einsatz haben. In diesem Fall können alle Alternativen gefunden werden, und man kann ganz leicht manuell nachprüfen, welche Einsätze korrekt sind. Damit sind die möglichen Strukturen:

1100

und 1001.

Diese Sequenz wird zyklisch wiederholt, somit kann leicht beobachtet werden, dass beide Arrangements gleich sind. Im ersten Fall lautet die Struktur, die nur eine Bewegung von zwei Phrasen gestattet:

1	1	0	0	1	1	0	0	1	1	0	0
	1	1	0	0	1	1	0	0	1	1	1

Und für die zweite Folge gilt:

1	0	0	1	1	0	0	1	1	0	0	1
	1	0	0	1	1	0	0	1	1	0	

Es ist offensichtlich, dass die Darbietung in beiden Fällen gleich ist, wenn der Kanon erst einmal läuft. Jetzt betrachten wir ein Beispiel einer Struktur mit 12 Phrasen, die in Gruppen gleicher Länge verteilt sind. Wenn wir diese 12 Phrasen mit 3 Stimmen abdecken wollen, also

$$p = 12,$$

$$v = 3,$$

$$\frac{p}{v} = \frac{12}{3} = 4,$$

müssen wir 3 Gruppen mit 4 Phrasen einrichten.

Ausgehend von der folgenden Struktur

0000 0000 0000

ist jede der vier Positionen der Gruppe so mit einer 1 belegt, dass sie alle „nur einmal" mit einer 1 belegt sind:

1000 0100 0011.

Um eine Duplizierung der Noten zu vermeiden (Spalten mit Einsen), muss eine Verschiebung von p/v vorgenommen werden, in diesem Fall 4.

DAS UNIVERSUM ALS MOSAIK

Ein Mosaik ist ein regelmäßiges Muster aus Formen, die eine Fläche bedecken. Einfache und gebräuchliche Beispiele sind beispielsweise Pflastersteine oder Kacheln. Das Mosaik muss zwei Anforderungen erfüllen: Es dürfen keine Lücken bleiben, die nicht bedeckt sind, und die Formen dürfen sich nicht überlappen. Quadrat und regelmäßiges Sechseck sind zwei Beispiele für einfache geometrische Formen, mit denen eine Fläche abgedeckt werden kann. Ein Mosaik gestattet jedoch auch Designs aus unregelmäßigen Formen, wie beispielsweise die Pflastersteine, die zahlreiche Straßen von Kairo bedecken, die in der nebenstehenden Abbildung gezeigt sind, eine davon mit 3D-Effekt.

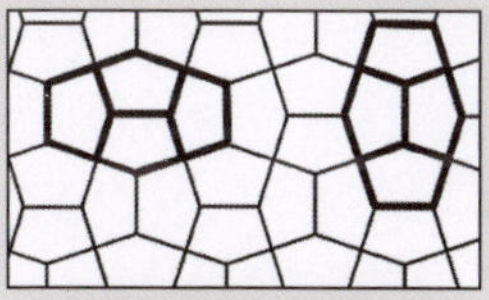

Takte, Metren und Aufteilungen

Die Betonung und der Takt

In einem Musikstück wechseln sich starke Schläge mit schwächeren ab. In der musikalischen Notation ist das Stück nach den starken Schlägen strukturiert: Ein Takt beginnt jeweils mit einem starken Schlag, der bis zum nächsten starken Schlag dauert. Der Takt ist damit das rhythmische Fragment zwischen zwei starken Schlägen. Wenn die Takte eines Musikstücks dieselbe Dauer und dieselben Eigenschaften haben, ist das Werk regelmäßig. In der Mathematik würden wir sagen, es ist konstant.

Takttypen

Sind die Schläge des Takts binär aufgeteilt, ist der Takt gerade. Erfolgt die Aufteilung ternär, ist er ungerade. Der Inhalt des Takts wird durch die Angabe einer Bruchzahl dargestellt, deren Bedeutung sich abhängig davon ändert, ob der Takt gerade oder ungerade ist. Der Zähler gibt die Anzahl der Schläge an, der Nenner entspricht einer herkömmlichen Note, die die Einheiten des Schlags angibt. Eine ganze Note ist beispielsweise äquivalent zu einer Schlageinheit, eine halbe Note zu zwei, eine Viertelnote zu vier Schlageinheiten. Bei einem geraden Takt gibt der Nenner die Note an, die den Schlag misst, während in einem ungeraden Takt der Nenner die Note ist, die der Aufteilung des Schlags entspricht. Die gebräuchlichsten Schlageinheiten sind das Viertel (eine Note und eine Pause pro Schlag) und das punktierte Viertel (eine Note und zwei Pausen pro Schlag).

Betrachten wir ein paar erläuternde Beispiele. Ein gerader Takt mit zwei Vierteln pro Takt, 2/♩, wird durch die Bruchzahl 2/4 angegeben.

Die 2 entspricht der Anzahl der Schläge, die 4 zeigt, dass der Schlag einem Viertel entspricht. Ein ungerader Takt mit zwei Schlägen pro Takt hat zwei punktierte Viertelnoten: 2/♩.

Damit stehen wir vor dem Problem, wie wir dies in eine Bruchzahl umwandeln können. Es gibt keine Zahl, die einem punktierten Viertel entspricht (und auch keiner anderen punktierten Note), d. h. es gibt keine Möglichkeit, die Dauer des Schlags im Nenner anzugeben. Die Lösung lautet, den Notenwert für die Aufteilung des Schlags statt die Anzahl der Schläge anzugeben. In unserem Beispiel erfolgt die Aufteilung in Achtel. Und weil es zwei punktierte Viertel pro Takt gibt, erhalten wir insgesamt sechs Achtel. Die Bruchzahl ist also 6/8.

Die Notation des reinen Rhythmus gestattet uns, die binäre Abwechslung von Noten und Pausen, *Einsen* und *Nullen*, deutlich zu erkennen:

2/4

<				<				<			
1	0	1	0	1	0	1	0	1	0	1	0

3/4

<						<					
1	0	1	0	1	0	1	0	1	0	1	0

4/4

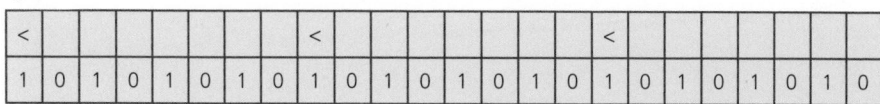

Für ternäre Takte folgen jeder Eins zwei Nullen:

6/8

<						<					
1	0	0	1	0	0	1	0	0	1	0	0

9/8

<								<						<								
1	0	0	1	0	0	1	0	0	1	0	0	1	0	0	1	0	0	1	0	0	1	0	0

Die gebräuchlichsten Takte sind der Anzahl der Schläge entsprechend:

	2 Schläge	3 Schläge	4 Schläge
Gerader Takt	2/4	3/4	4/4
Ungerader Takt	6/8	9/8	12/8

ALLE TAKTE DER WELT

Wie wir gesehen haben, ist ein Takt eine Struktur, die eine bestimmte Zeitdauer hat, in der sich Ton und Pause abwechseln. Neben dem künstlerischen Ausdruck ist es vor allem interessant, die verschiedenen Arten zu analysieren, wie ein Takt unter Verwendung rhythmischer Gruppen interpretiert werden kann. Nachfolgend finden Sie eine interessante kombinatorische Menge, die von einem Musikschüler geübt werden kann – und einen vollständigen Zyklus durch die Kombination einer bestimmten Auswahl rhythmischer Gruppen und Pausen. Ausgehend von einem 4/4-Takt ordnen wir vier rhythmische Gruppen an, bezeichnet als A, B, C und D. Wir gehen wie folgt vor:

$$4/4 \mid A\ B\ C\ D \mid .$$

Basierend auf dieser Kombination aus vier Elementen führen wir eine sogenannte „Permutation" durch, die sich aus vier Permutationszyklen zusammensetzt:

Schritt 1: Wählen Sie das letzte Element im Takt aus (in diesem Fall Gruppe D), das zum Generatorobjekt für die erste Permutationsreihe wird. Jetzt gehen Sie wie folgt vor: Erzeugen Sie den ersten Takt, indem Sie D zwischen B und C platzieren:

$$4/4 \mid A\ B\ D\ C \mid .$$

Unregelmäßigkeiten

Die obigen Beispiele haben Rhythmen mit regelmäßigen Takten und Schlägen behandelt, d. h. alle Takte haben dieselbe Länge, ebenso wie die Schläge. Das ist jedoch nicht immer so. In der afrikanischen Musik beispielsweise – und in der davon abgeleiteten amerikanischen Musik – gibt es häufig unregelmäßige Muster. Diese Unregelmäßigkeiten sind mittlerweile auch in der akademischen Musik aufgetaucht.

Es gibt ein sehr gebräuchliches rhythmisches Muster, das sich über verschiedene Musikformen aus Amerika und Afrika erstreckt. In unserer Terminologie würden wir sagen, es besteht aus Takten mit drei unregelmäßigen Schlägen. Das bedeutet, alle Takte haben dieselbe Länge, enthalten aber Schläge mit unterschiedlichen Längen. Der Takt setzt sich grundsätzlich aus zwei ternären Schlägen und einem binären Schlag zusammen. In unserer Terminologie: zwei punktierte Viertel und ein Viertel, wie nachfolgend gezeigt:

Schritt 2: Im nachfolgenden Schritt wird D an der zweiten Position platziert, sodass Element B nach rechts geschoben wird. Der neue Takt sieht also wie folgt aus:

4/4 | A D B C |.

Schritt 3: Schließlich wird Element D an der ersten Position platziert, womit der erste Permutationszyklus abgeschlossen ist:

4/4 | D A B C |.

Der Takt, den wir auf diese Weise erhalten haben, wird zur neuen Kombination für die nächste Permutation. Das Verfahren wird wiederholt: Das Element an der letzten Position (in diesem Fall C) wird als das bewegte Objekt verwendet, und wir wiederholen die Schritte 1 bis 3:

4/4 | D A B C | D A C B | D C A B | C D A B |.

Nachdem das Verfahren mit B und schließlich mit A wiederholt wurde, gelangen wir zur anfänglichen Reihenfolge zurück:

4/4 | C D A B | C D B A | C B D A | B C D A |,

4/4 | B C D A | B C A D | B A C D | A B C D |.

Dieses System für die Permutation der Werte stellt alle Kombination der Sequenzen für die gewählten rhythmischen Gruppen dar.

<							<							<								
1	0	0	1	0	0	1	0	1	0	0	1	0	0	1	0	1	0	0	1	0	0	1	0

Ausgedrückt anhand seiner Aufteilung, besteht dieser Takt aus acht Achteln, d. h. er hat einen Gesamtinhalt gleich einem 4/4-Takt. Er stellt jedoch eine völlig andere Rhythmik dar, weil der 4/4-Takt vier binäre Schläge aufweist. Dieser neue Takt dagegen enthält eine Mischung aus binären und ternären Schlägen.

Solche Unregelmäßigkeiten werden häufig mit einer Signatur ausgedrückt, die die Anzahl der Aufteilungen in jedem Schlag misst, unterteilt durch das Plussymbol +. In unserem Beispiel wäre das 3 + 3 + 2.

Geschichtete Rhythmen

Etliche Kulturen auf der ganzen Welt verwenden einen Schlagrhythmus, der auch als „Polyrhythmus" bezeichnet wird, bei dem verschiedene Motive mit unterschiedlichen Phrasen kombiniert werden, woraus sich ein komplexes und organisiertes Musikstück ergibt. Auch wenn sich alle rhythmischen Schichten deutlich voneinander unterscheiden, kann es vorkommen, dass der Rhythmus gleich ist, aber phasenverschoben interpretiert wird, wie in einem rhythmischen Kanon oder als Krebs oder Umkehrung. Das Ergebnis ist immer polyrhythmisch. Der *pajarillo* (von dem Spanischen *pajaro*, „Vogel), der *seis corrido* (wörtlich „fortlaufende Sechs") und der *seis derecho* („gerade Sechs") sind drei polyrhythmische Formen aus dem Joropo, der Musik aus den Ebenen von Venezuela und Kolumbien, durch die vielfältigen Rhythmen charakterisiert, die gleichzeitig von allen Instrumenten gespielt werden, die typisch für die „llanera" („Musik der Ebene") sind: Bandola, Harfe, Cuatro und Maracas. Eine der rhythmischen Eigenschaften des Joropo ist die überkreuzte Interpretation von 6/8-Takten. Das Resultat ist:

0	0	1	0	0	1	0	0	1	0	0	1
1	0	0	1	0	0	1	0	0	1	0	0

Ein sehr gebräuchliches Beispiel für lateinamerikanische Musik, die auch in Europa präsent ist, ist die Kreuzung „Drei gegen zwei", häufig dargestellt mit einem Takt mit 6/8 und einem mit 3/4, die gleichzeitig gespielt werden. In unserer Notation mit Einsen und Nullen erhalten wir:

1	0	1	0	1	0	1	0	1	0	1	0
1	0	0	1	0	0	1	0	0	1	0	0

Vermischungen

Im 20. Jahrhundert wurden neue Möglichkeiten entwickelt, Rhythmen darzustellen – um freier komponieren zu können, aber auch für die Popmusik. Es wurden Kombinationen aus Taktsequenzen mit unterschiedlichen Längen verwendet, wie beispielsweise Gruppierungen von sieben Vierteln. Dazu wurden ein 3/4-Takt und ein 4/4-Takt kombiniert, oder eine Sequenz von 2/4, 3/4 und 2/4 verwendet. In einem Takt mit fünf Viertelschlägen können diese als 2/4 und 3/4 oder umgekehrt gruppiert werden.

Die Noten für Concertino für Streichquartett *von Igor Strawinsky, in dem die enorme rhythmische Vielfalt dieses außergewöhnlichen Erfindungsgeists der Musik des 20. Jahrhunderts zu bewundern ist.*

Geschwindigkeit: Das Metronom

Nachdem eine rhythmische Sequenz mit Noten und Pausen aufgeschrieben wurde, stehen wir der Herausforderung gegenüber, sie zu spielen. Für einen Künstler, der das Musikstück noch nie gehört hat, ist es damit möglich, die Rhythmen des Komponisten nachzuvollziehen, aber es fehlt noch eine maßgebliche Komponente: die Geschwindigkeit. Diese Information wird zu Beginn eines Stücks angegeben, und dann überall dort, wo sich die Geschwindigkeit ändert. Für die Darstellung wird eine Note, gefolgt von einer Zahl, verwendet. Im Allgemeinen entspricht die Note einem Schlag im Stück, und die Zahl gibt an, wie oft dieser Schlag pro Minute wiederholt wird. Die Angabe

$$\text{♩} = 60$$

bedeutet also, dass eine Minute 60 Schläge enthält. Dieser Fall ist ganz einfach, weil die Anzahl der Schläge der Anzahl der Sekunden einer Minute entspricht, die Berechnung ist also recht simpel. Für andere Geschwindigkeiten können wir ein Metronom verwenden, ein Gerät, das regelmäßige Schläge ausgibt. Ein mechanisches Metronom besteht aus einem Pendel mit Gegengewicht, das nach oben oder unten verschoben werden kann, um die Schwingungsfrequenz zu verändern. Je höher die Frequenz ist, desto mehr Schläge pro Minute werden erzeugt. Musiker verwenden Metronome, um sicherzustellen, dass sie beim Spielen ihres Instruments einen regelmäßigen Taktschlag einhalten.

Auch wenn das Metronom ein objektives Maß für Geschwindigkeit vorgibt, das dem Interpreten helfen kann, leidet es bisweilen unter der übermäßigen Genauigkeit. Bei Musikdarbietungen ist ein gewisses Abweichen vom strengen Takt durchaus üblich und völlig natürlich. Das Metronom taucht als Schlaginstrument in verschiedenen Musikstücken auf, wie beispielsweise in dem Beatles-Song „Blackbird" im *White Album*. Der italienische Filmkomponist Ennio Morricone verwendete verzerrte und verlangsamte Aufzeichnungen eines Metronoms im Soundtrack „Farewell to Cheyenne" zu *Spiel mir das Lied vom Tod*.

Das außergewöhnlichste Beispiel für den Einsatz eines Metronoms als Instrument stammt vom Rumänen György Ligety, der in seinem *Poème Symphonique* (1962) hundert dieser Instrumente gleichzeitig spielen ließ. Das Stück endet, wenn das letzte Gerät aufhört zu schwingen.

DER MUSIKALISCHE TAKTMESSER

Das mechanische Metronom wurde 1812 von dem Deutschen Dietrich Nikolaus Winkel erfunden, aber das erste Patent dafür besitzt sein Landsmann Johann Mälzel. Heute gibt es digitale Metronome, ursprünglich aber waren die Geräte von Uhrwerken abgeleitet. Die gebräuchlichste Form verwendet einen internen Uhrmechanismus und ein umgekehrtes Pendel aus einem Stab mit einem verschiebbaren Gegengewicht. Dieses Pendel besitzt ein System aus zwei Gegengewichten an jeder Seite des

Schwingungszentrums. Eines dieser Gegengewichte ist variabel, das andere, interne, ist befestigt. Wenn das Gewicht in der Nähe des Schwingungszentrums platziert wird, ist das Zeitintervall kürzer, d. h. die Schwingungen sind kürzer. Wenn es sich am äußeren Ende befindet, wird der dadurch erzeugte Takt langsamer. Für jede Schwingung erzeugt der interne Mechanismus einen Klick. Einige Metronome können so eingestellt werden, dass alle zwei, drei oder vier Schwingungen ein bestimmter Ton ausgegeben wird. Heute gibt es elektronische Metronome, die häufig zusammen mit einer Stimmgabel erhältlich sind, die auf ein *A* mit 440 Hz gestimmt ist.

EINSTEINS PROBLEME MIT DER MATHEMATIK

Der Physiker Albert Einstein, Erfinder der Relativitätstheorie, war ein begeisterter Amateur-geiger – auf der Geige jedoch nicht ganz so gut wie in der Wissenschaft. Einmal übte der Wissenschaftler eine Sonate zusammen mit dem österreichischen Pianisten Artur Schnabel. In einer bestimmten Passage des Werks verspielte er sich immer wieder, sodass Schnabel abbrechen musste. Als dies zum dritten Mal passiert war, sah Schnabel ihn vorwurfsvoll an und platzte heraus: „Albert, sprich, kannst du eigentlich zählen?"

Isolierte Unregelmäßigkeiten

Manchmal ist es erforderlich, in einem Werk mit regelmäßigem Schlagmuster (z. B. binär) sporadisch ternäre Schläge einzusetzen. Mit den bisher beschriebenen Elementen müsste für eine solche Änderung zu dem betreffenden Moment eine Änderung der Geschwindigkeit und eine Änderung des Takts vorgegeben werden. Um diese Komplikation zu vermeiden, wurden „Duolen", „Triolen" usw. eingeführt.

- Duole: Eine Gruppe von zwei Noten, die in der Zeit gespielt werden, die eigentlich drei Noten entspräche:

- Triole: Eine Gruppe von drei Noten, die in der Zeit gespielt werden, die eigentlich zwei Noten entspräche:

Sie werden gekennzeichnet durch Bögen, die die Notengruppen verbinden, und eine Zahl, die der neuen Anzahl der Noten entspricht. Betrachten wir das Beispiel einer rhythmischen Phrase mit einer komplexen Notation und einer Änderung in Takt und Geschwindigkeit:

DIE MATHEMATIK DER TAKTBEZEICHNUNGEN

Der Vergleich der Äquivalenzen zwischen Taktbezeichnungen und Brüchen und ihren jeweiligen Operationen ist ganz interessant. Inwieweit sind Operationen, die für Brüche gültig sind, auch für die Arbeit mit Taktbezeichnungen zulässig?

– Addition von Brüchen. Ein 3/4-Takt beispielsweise hat eine Dauer von einer punktierten halben Note, das entspricht einer halben Note (unter Verwendung des Symbols ♩) plus einer Viertelnote:

$$♩. = ♩ + ♩$$

Ersetzen wir die Noten durch ihre numerischen Äquivalente, erhalten wir:

$$3/4 = 1/2 + 1/4.$$

– Kürzen von Brüchen. Durch das Kürzen einer Taktbezeichnung erhalten wir ein Ergebnis, das mit einer neuen Taktbezeichnung zu vergleichen ist:

$$6/8 = 3/4.$$

In diesem Fall entspricht die numerische Gleichheit nicht der musikalischen Gleichheit. Die Dauer von zwei Takten ist dieselbe, sechs Achtelnoten (im Fall des 3/4-Takts drei Viertelnoten mit je zwei Achtelnoten). Die Angabe 6/8 entspricht jedoch dem ungeraden Takt, und 3/4 dem geraden Takt, was in der Musik einen maßgeblichen Unterschied bedeutet.

– Kleinstes gemeinsames Vielfaches. Unter den verschiedenen Situationen der Polyrhythmik sind wir an denjenigen interessiert, in denen zwei Rhythmen in Kontakt zueinander geraten, einer im ungeraden Takt, der andere im geraden Takt innerhalb desselben Schlags oder Takts. Beispielsweise könnten wir zwei Viertelschläge im einen Takt haben, und im anderen drei Viertelschläge in einem Viertel-Tripel:

Dies verursacht eine Störung in der präzisen Ausführung jedes Rhythmus. Die Lösung ist mathematisch und der Prozess ist derselbe wie für die Berechnung des kleinsten gemeinsamen Vielfachen. In diesem Beispiel haben wir kgV (2, 3) = 6. Das bedeutet, man kann sich den Takt in sechs gleich großen Teilen vorstellen: Die Viertelnoten werden in den Teilen 1 und 4 gespielt, das Vierteltripel in 1, 3 und 5.

Dieselbe Struktur, jetzt vereinfacht durch die Verwendung von Triolen:

♩ = 60

Moderne Notation

Als symbolisches System hat die musikalische Notation im Laufe der Jahrhunderte eine bemerkenswerte Effizienz entwickelt. Für den Ausdruck bestimmter Musik-strukturen werden verschiedene variable Elemente (Noten und Pausen) und kons-tante Elemente (Tempo, Tonart, Takt) in ein Referenzsystem eingefügt (die Noten-linien). Betrachten wir ein Beispiel.

Die Geschwindigkeit ist konstant: ♩ = 60.

Der Schlag verwendet Viertel, und es wird jeweils ein Schlag betont, zwei Schläge nicht, d. h. wir haben einen 3/4-Takt. Die folgende Abbildung zeigt die Abfolge der Schläge und Betonungen, als handle es sich bei den Notenlinien um ein Koordina-tensystem, wobei die Zeit in Sekunden an der x-Achse angetragen wird.

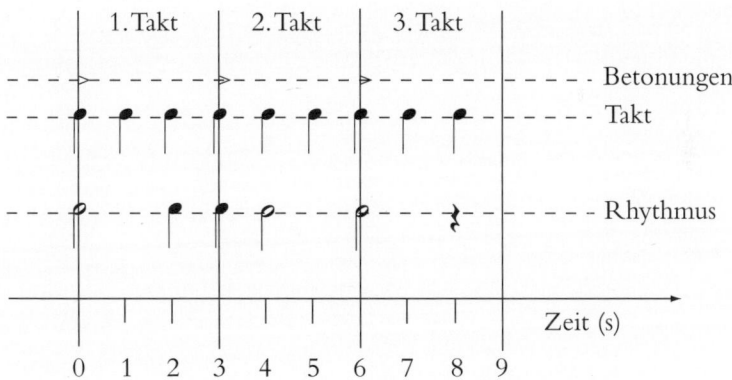

Die Betonungen finden regelmäßig in Intervallen von 3 Sekunden statt.

Die Schläge finden regelmäßig in Intervallen von einer Sekunde statt.

All diese Informationen aus der obigen Abbildung abzulesen, ist relativ müh-sam, deshalb werden konstanten Werte nur einmal ganz am Anfang angegeben: Schlag und Betonung und damit die Zeitsignatur. Dazu verwenden wir das System der Bruchzahlen, das wir bereits betrachtet haben, in diesem Fall 3/4.

Die Geschwindigkeit wird unter Verwendung der Metronom-Notation angegeben: ♩ = 60.

Wenn wir die Darstellung der Zeit horizontal von links nach rechts vornehmen, der Richtung in der bei uns im Westen Bücher gelesen werden, können wir nun vertikale Linien einführen, die das Ende eines Takts kennzeichnen. Damit vereinfacht sich die Darstellung wie folgt:

Dank der Position der vertikalen Linien und mit dem Wissen, dass die Schläge regelmäßig auftreten, müssen die Noten nicht mehr entlang eines Zeitstrahls angeordnet werden.

Ohne Notenlinien

Eine horizontale Linie einer Notenlinie entspricht keiner Zeitdarstellung. Das bedeutet, die Dauer der Noten oder Pausen entspricht nicht unbedingt dem Abstand zwischen den Noten, sondern ihrem relativen Inhalt. Klang muss in einer Länge gespielt werden, die durch die Note oder die Pause selbst bestimmt wird, und nicht entsprechend dem in der Abbildung gezeigten Abstand.

Die beiden folgenden Takte sind gleich:

Beachten Sie jedoch, dass zwei oder mehr Zeilen Musik, die gleichzeitig gespielt werden sollen, am besten präzise vertikal ausgerichtet untereinander notiert werden, damit sie einfacher zu lesen sind. Eine korrekte grafische Darstellung von drei gleichzeitigen rhythmischen Phrasen könnte also wie folgt aussehen:

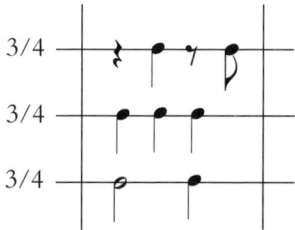

Kapitel 3

Die Geometrie der Komposition

Die Vase gibt der Leere eine Form, und die Musik der Stille.
Georges Braque

Die Menschen beschuldigen mich, Mathematiker zu sein.
Ich bin kein Mathematiker, ich bin Geometer.
Arnold Schönberg

Die Art und Weise, wie die Natur die Formen anordnet, ist kurios. In diesem Universum der Formen ist es die Mathematik, durch deren Schauglas wir numerische und geometrische Muster erkennen, die Pflanzen, Tiere, Töne und Kristallstrukturen charakterisieren. Kugeln, zyklische Sequenzen und spiralförmige Anordnungen kommen häufig vor, genauso wie verschiedene Arten der Symmetrie. Künstler nutzen die kapriziösen Anordnungen der Natur als Grundlage und ordnen sie neu – ihrer ganz eigenen Ästhetik entsprechend.

Musik schafft Bilder in der Vorstellung des Hörers. Die Melodien mit ihren Punkten und Linien werden oft mit einem Gemälde assoziiert. Bestimmte musikalische Eigenschaften stellen wir uns gern vor, als existierten sie im Raum: Hohe Töne werden als lang und dünn visualisiert, tiefe Töne als klein und dick. Einige dieser Vorstellungen, wie das erwähnte Konzept hoher und tiefer Töne, werden in der Partitur der Musik reflektiert. Eine Melodie aus Tönen mit zunehmender Höhe beispielsweise wird als „aufsteigend" bezeichnet.

Damit hat die Partitur eine zusätzliche Rolle, indem sie der Musik ein begleitendes Bild zur Seite stellt. Viele Komponisten haben in ihren Werken diese Ideen berücksichtigt, und die Geschichte der Musik ist voll von Beispielen für Musikstücke mit faszinierenden Entwürfen, die Musik, Text und Geometrie in sich vereinen. (Um die Beispiele besser verstehen zu können, sollten Sie die Grundlagen der modernen Musiknotation in Anhang I nachlesen.)

Tonhöhe und Rhythmus: Die musikalische Ebene

Die Elemente der musikalischen Notation

Das System, das wir derzeit für die Musiknotation verwenden, ist das Ergebnis eines evolutionären Prozesses, mit dem Ziel, dieser ätherischsten aller Kunstformen einen schriftlichen Ausdruck zu verleihen. Während dieser Entwicklung wurden zahlreiche Symbole und grafische Elemente eingeführt und wieder verändert, die aus der Perspektive der Mathematik höchst interessant sind.

Die Notenlinien

Notenlinien sind ein Mittel, die Musik grafisch darzustellen. Sie zeigen, wie die Höhe der Töne im Zeitverlauf schwankt. Vergleichen wir es mit einem Koordinatensystem, können wir uns die „Zeit" auf der horizontalen Achse, und die „Höhe" auf der vertikalen Achse vorstellen. Dazu werden mehrere parallele Linien verwendet, die jeweils gleich weit voneinander entfernt sind. Heute verwendet man fünf solcher paralleler Linien. Die „musikalische Distanz" zwischen zwei Linien oder zwei Zwischenräumen ist eine Terz, und zwischen einer Linie und dem folgenden Zwischenraum, ist ein Intervall von einer Sekunde. Wir haben also fünf Linien und vier Zwischenräume, nummeriert von unten nach oben:

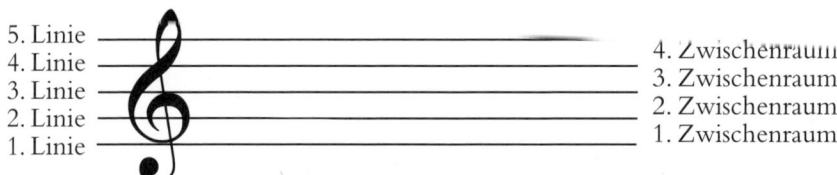

Die Verteilung der Linien und Zwischenräume entspricht den weißen Tasten auf einem Klavier, und die Position einer Notenlinie ist proportional zur jeweiligen Tonhöhe. Höhere Noten werden also höher in der Tonleiter notiert. Es ist möglich, zusätzliche Linien hinzuzufügen, um höhere oder tiefere Töne darzustellen. Dies führt selbstverständlich auch zu zusätzlichen Zwischenräumen. Und tatsächlich sind die Leerräume über der fünften Linie und unter der ersten Linie zusätzliche Zwischenräume.

Zurück zu unserer Idee der Notenlinien als Koordinatensystem der „musikalischen Ebene". Wir erkennen, dass die y-Achse die Tonhöhe darstellt.

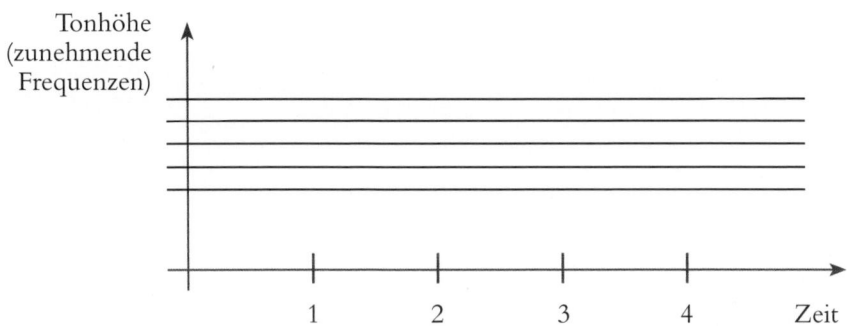

Die Abszisse (Elemente, die an der *x*-Achse angetragen sind) dagegen stellt Noten und Pausen im Verlauf der Zeit dar. Drei Töne mit aufsteigender Höhe beispielsweise, die zu den Zeitpunkten 1, 2 und 3 abgespielt werden, werden also wie folgt dargestellt:

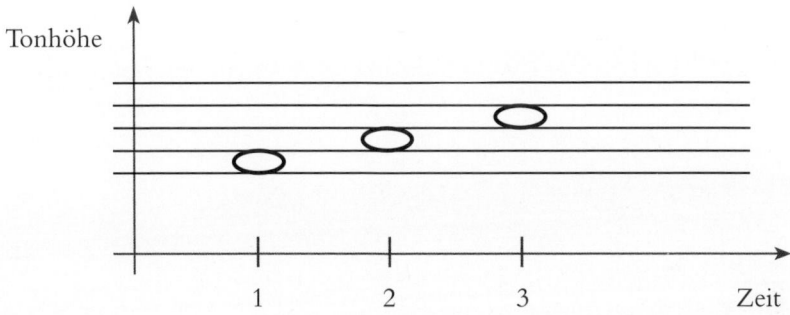

Wenn diese drei Töne gleichzeitig zum Zeitpunkt 1 abgespielt werden, werden sie wie folgt dargestellt:

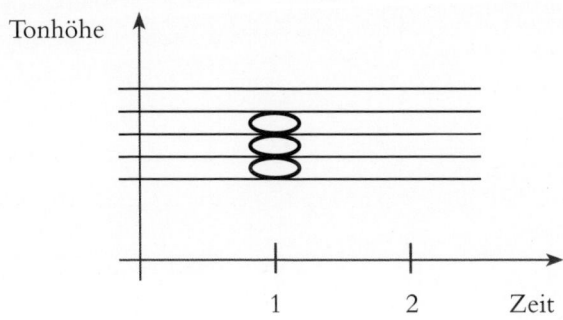

Zusammenfassend können wir sagen, dass die Töne, die auf derselben Linie oder im selben Zwischenraum der Tonleiter (horizontal ausgerichtet) liegen, dieselbe Höhe (Frequenz) haben, während diejenigen, die am selben Zeitpunkt dargestellt werden (vertikal ausgerichtet), gleichzeitig gespielt werden.

Noten

Musiknoten bilden einen Code, der die Dauer des von ihnen dargestellten Tons angibt. Sie setzen sich aus einem „Notenkopf", einem kleinen schwarzen oder weißen Oval, einem „Hals", einer vertikalen Linie, die sich dem Notenkopf am einen Ende anschließt, und (falls erforderlich) einer kleinen geschwungenen Linie, dem sogenannten „Fähnchen", am anderen Ende zusammen:

Notenhals ———— Fähnchen

Notenkopf ————

Die Abfolge der Noten von der kürzesten bis zur längsten lautet: ganze Note, halbe Note, Viertel, Achtel, Sechzehntel, Zweiunddreißigstel und Vierundsechzigstel. Die grundlegende Note ist die ganze Note mit einer Dauer von 1, und die Dauer der anderen Noten nimmt jeweils um einen Faktor von 2 ab. Es folgt also die halbe Note, die halb so lange dauert wie die ganze Note, d. h. während der Dauer einer ganzen Note können zwei halbe Noten gespielt werden. Die Dauer einer halben Note entspricht zwei Viertelnoten. Dieselbe binäre Beziehung gilt für die restlichen Noten:

Name	Note	Dauer im Hinblick auf den Ganzton
Ganzton	𝅝	1
Halbton	𝅗𝅥	1/2
Viertel	𝅘𝅥	1/4
Achtel	𝅘𝅥𝅮	1/8
Sechzehntel	𝅘𝅥𝅯	1/16
Zweiunddreißigstel	𝅘𝅥𝅰	1/32
Vierundsechzigstel	𝅘𝅥𝅱	1/64

Die Funktion der Noten und ihre Eigenschaften sind in Anhang I unter der Überschrift „Musik und ihre Symbole" genauer erklärt.

Darstellung von Tonhöhen

Die Höhe eines Tons wird durch die Position des Notenkopfs in der Tonleiter bestimmt, nämlich entweder auf einer Linie oder in einem Zwischenraum.

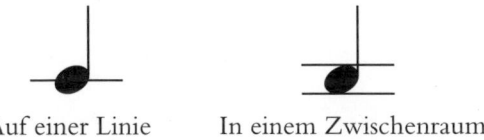

Auf einer Linie   In einem Zwischenraum

Diese Information ist jedoch nicht vollständig. Um die absolute relative Höhe zwischen Tönen zu bestimmen, brauchen wir einen Schlüssel, der dieses Geheimnis preisgibt.

Schlüssel

Im vorigen Kapitel haben wir gezeigt, wie ein Metronomwert und eine Taktangabe ganz am Anfang das Tempo und den Rhythmus festlegen. Darüber hinaus wird ein „Schlüssel" am Anfang der Notenlinien benötigt, um die Höhe der Töne festzulegen. Der gebräuchlichste Schlüssel ist der Violinschlüssel (oder G-Schlüssel). Befindet sich dieses Symbol am Anfang der Notenlinien, wie in der folgenden Abbildung gezeigt, entsprechen alle Noten, die auf der zweiten Linie liegen, einem G.

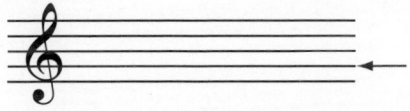

Wenn wir uns in der Tonleiter nach unten bewegen, enthält der erste Zwischenraum ein *F*, auf der ersten Linie liegt ein *E* usw. Bewegen wir uns nach oben, enthält der zweite Zwischenraum ein *A*, auf der dritten Linie liegt ein *H*, der dritte Zwischenraum enthält ein *C* usw. Die als *G* festgelegte Linie durchläuft den Mittelpunkt des Schlüssels. Ein weiterer Schlüssel in der musikalischen Notation ist der sogenannte Bassschlüssel (*F*-Schlüssel), ein spiralförmiges Symbol, das den Ton *F* der Linie zuordnet, die sich im Mittelpunkt der Spirale befindet. Die Position der Linie wird durch die Punkte darüber und darunter gekennzeichnet:

Der Altschlüssel (oder *C*-Schlüssel) wird unter Verwendung eines symmetrischen Symbols dargestellt, das der Linie an der Symmetrieachse ein *C* zuordnet:

Die Höhe, die Linien und Zwischenräume darstellen, ändert sich abhängig von der Position der Schlüssel. Ein Symbol an derselben Position kann abhängig vom verwendeten Schlüssel unterschiedlichen Noten entsprechen.

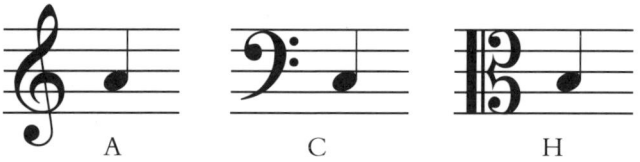

A   C   H

SYMMETRIE AUF DER TASTATUR

Die Tasten des Klaviers haben zwei sichtbare Symmetrieachsen: eine an der weißen Taste *D*, die andere an der schwarzen Taste *Gis*. Zufälligerweise ist die mittlere Note in der europäischen Namenskonvention (AHCDEFG) das *D*, wobei die anderen sechs Töne an den beiden Seiten dieser Symmetrieachse angeordnet sind.

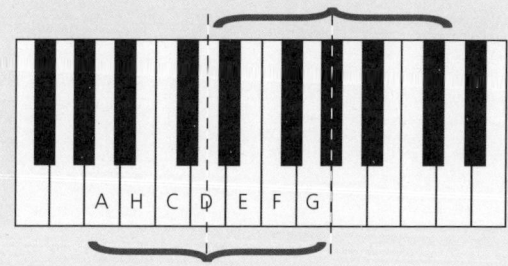

Jetzt sehen wir uns an, wie Töne und Halbtöne in Tonleitern verteilt sind. Eine Durtonleiter ist eine Tonart, bei der die Reihe der sieben Töne gemäß der folgenden Verteilung von Tönen (T) und Halbtönen (sT) angeordnet ist:

T-T-dT-T-T-dT.

Die Durtonleiter, bei der nur weiße Tasten verwendet werden, beginnt bei *C*:

C, D, E, F, G, A, H, C.

Nachfolgend sehen wir denselben Ton (das mittlere *C*) mit drei verschiedenen Schlüsseln dargestellt:

Note *G* auf
Linie 2

Note *F* auf
Linie 4

Note *C* auf
Linie 3

Das Diagramm auf der vorhergehenden Seite zeigt eine Note auf derselben Notenlinie, deren Tonhöhe durch unterschiedliche Notenschlüssel festgelegt wird. Obenstehend ist ein einzelner Ton mit drei Notenschlüsseln abgebildet.

Der Begriff „natürliche Molltonleiter" bezieht sich auf die Reihe sieben separater Töne, die durch die folgende Anordnung von Tönen und Halbtönen definiert ist:

T-sT-T-T-sT-T.

Die Molltonleiter, die nur weiße Tasten verwendet, beginnt bei *A*:

A, H, C, D, E, F, G.

Dies ist genau der Fall bei der Symmetrie, deren Achse auf der Taste *D* liegt, die wir auf der Tastatur gesehen haben. Man erkennt ganz leicht, dass die Töne und Halbtöne symmetrisch verteilt sind:

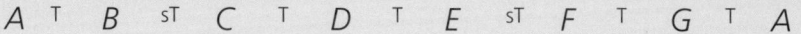

A ^T *B*   ˢᵀ   *C*   ᵀ   *D*   ᵀ   *E*   ˢᵀ   *F*   ᵀ   *G*   ᵀ   *A*

Eine weitere Symmetrieachse finden wir zwischen *G* und dem nächsten *A*. Bei dieser Achse ist außerdem zu erkennen, dass eine Symmetrie der Intervalle zwischen den Tasten vorliegt. Was auf den ersten Blick als die Verteilung der schwarzen und weißen Tasten auf der Tastatur erkennbar ist, hat ein Äquivalent im Hinblick auf dieselben Symmetrieachsen bei der Verteilung von Tönen und Halbtönen. Unser aktueller hörbarer Bereich ist eine Kette aus zwei gleichen Halbtonschritten. Wenn wir nur eine beliebige Note als zentrale Note verwenden, finden wir eine Menge an Noten, für die Ton- und Halbtonintervalle symmetrisch auf der Tastatur angeordnet sind.

Halbtonvariationen

Manchmal ist es notwendig, die Höhe einer Note anzupassen. Es gibt zwei Symbole, sogenannte Versetzungszeichen, die die Höhe einer Note um einen Halbton erhöhen oder verringern, das Symbol ♯ (Kreuz) erhöht die Note, das Symbol ♭ (das „b") macht sie tiefer. Darüber hinaus gibt es ein drittes Zeichen, das die Wirkung der beiden Versetzungszeichen wieder aufhebt (♮).

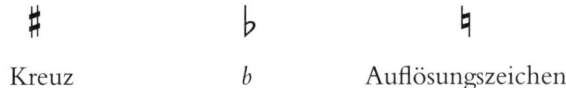

Kreuz   *b*   Auflösungszeichen

Diese Symbole werden auf der Linie oder in dem Zwischenraum platziert, die abgeändert werden sollen. Sie beziehen sich auf die Noten rechts von ihnen bis zum Ende des Takts. Wenn sie am Anfang einer Partitur auftreten (zwischen dem Schlüssel und der Taktangabe), gelten sie für die gesamte Partitur (oder zumindest bis zu einer weiteren Änderung), sodass also alle Tonhöhen für diese Linie oder diesen Zwischenraum angepasst werden müssen.

Die melodische Kurve

Selbst wenn ein Zuhörer keine Noten lesen oder schreiben kann, stellt er sich gern eine Linie mit Kurven und Geraden vor, manchmal auf-, manchmal absteigend. Sehr wahrscheinlich stellt er sich diese Kurve von links nach rechts vor, so wie wir auch Texte schreiben. Einige Melodien stellen wir uns als sanfte Kurven vor, ohne größere Sprünge, während andere deutliche Änderungen der Tonhöhen anzeigen. Interessant ist die Ähnlichkeit zwischen diesen Bildern und der Notation einer Melodie mit den Noten in den Notenlinien. Wir sehen uns jetzt Notenlinien an und verbinden die Notenköpfe mit einer durchgehenden Linie.

Eine sanfte Melodie und die Kurve, mit der sie dargestellt wird.

Wenn wir der relativ gleichmäßigen Linie aus dem obigen Beispiel „zuhören", hören wir, dass sie keine besonderen Sprünge aufweist. Eine Melodie dagegen mit großen Sprüngen führt zu einer Kurve mit deutlichen Änderungen der Tonhöhe, etwa wie folgt:

Eine Melodie mit starken Änderungen der Tonhöhe.

Geometrisch-musikalische Transformationen

Laut der Gestaltpsychologie (einem Begriff, für den es keine einzelne Definition gibt, sondern der sich auf Konzepte wie „Form", „Struktur" und „Layout" beziehen kann) kann das Gehirn Teile eines Ganzen auswählen und gruppieren und eine Form daraus bilden, die sich vom Rest unterscheidet. Derselbe Prozess findet im Zeitverlauf dank unseres Erinnerungsvermögens statt, das uns ermöglicht, die Bewegung in einem animierten Cartoon zu verstehen oder den Aufbau eines musikalischen Werks zu genießen. Die wichtigste Erkenntnis der Gestaltpsychologie ist wahrscheinlich die, dass unser Gehirn dazu tendiert, unvollständige Formen spontan zu vervollständigen. Bilder mit partiellen Informationen, wie beispielsweise impressionistische Landschaften, die aus Tausenden winziger, nicht verbundener Pinselstriche erstellt werden, fügen sich auf zauberhafte Weise zu einem überzeugenden und beständigen Ganzen zusammen, wenn wir sie aus einer bestimmten Entfernung betrachten. Dasselbe passiert mit den Einzelbildern eines Films, dessen stetige Bewegung nur eine Illusion ist. Die Gesetze der Gestaltpsychologie können auch auf die Musik angewendet werden. Damit kann ein Zuhörer Muster und Ähnlichkeiten zwischen hörbaren Sequenzen erkennen, die im Verlauf der Zeit auftreten, ähnlich wie ein Zuschauer, der die Bilder eines Films ansieht.

Komponisten haben zahlreiche geometrische Konzepte als Werkzeug für ihre Kompositionen verwendet. In einigen Fällen ist der geometrisch-musikalische Aspekt in den Notenlinien zu erkennen, während er sich bei anderen im Klang wiederfindet. Einige Kompositionen besitzen formelle Strukturen mit geometrischen Besonderheiten, wie beispielsweise der Kanon. Seine wiederholte Form legt starre Kriterien für die Melodien fest, woraus sich eine doppelte Herausforderung für den Komponisten ergibt, Musik zu schreiben und dabei strenge mathematische Kriterien einzuhalten.

Andere Arbeiten reflektieren die bewusste Verwendung geometrischer Transformationen als Kompositionswerkzeug. In diesem Abschnitt finden Sie eine vergleichende Beschreibung verschiedener geometrischer Transformationen sowie einige spezifische Kombinationen von Tönen. Beachten Sie unbedingt, dass bei diesem Vergleich auf eine grundlegende Besonderheit geachtet werden muss. In einer flachen Ebene entsprechen die beiden Dimensionen derselben Größe, auf den Notenlinien ist dies nicht der Fall. Damit wird es notwendig, musikalische Transformationen auf beide Dimensionen separat anzuwenden (Tonhöhe und Zeit).

Auf musikalische Noten können Transformationen angewendet werden, als handele es sich um geometrische Formen in der Ebene, aber manchmal entstehen dadurch Ergebnisse, die keinen hörbaren Unterschied ausmachen.

Analog dazu muss berücksichtigt werden, dass die Transformationen an der von den Notenköpfen gebildeten Kurve ausgeführt werden. Betrachten wir ein Beispiel mit einer Melodie aus vier Noten, die bei Verbindung mit einer Linie das folgende Aussehen hat:

Nach der Anwendung einer Transformation auf die Zeichnung erhalten wir:

Anschließend werden die Notenhälse und Fähnchen wieder an den Notenköpfen angebracht:

Geometrisch-musikalische Transformationen stellen ein weiteres Werkzeug im Repertoire der Komponisten dar.

Isometrische Transformationen

Der Begriff „isometrisch" bedeutet, dass die Abstände beibehalten werden. Es gibt drei Arten isometrischer Transformationen in der Ebene: Translation, Spiegelung und Drehung, für die es Entsprechungen in den musikalischen Symbolen gibt. Die Vielfalt der möglichen Transformationen nimmt zu, wenn wir sie im Hinblick auf Tonhöhe und Zeit separat betrachten. Die folgende Tabelle zeigt einen Überblick:

Geometrische Transformation	Musikalische Transformation		
	Horizontal	Vertikal	Horizontal + vertikal
Translation	1. Wieder-holung 2. Kanon	Transposition	1. Ostinato 2. Kanon – 2., 4. usw.
Spiegelung	Umkehrung	Krebs	
Drehung (180°, Kombination aus zwei Spiegelungen)			Krebsumkehrung

Die Anzahl möglicher Alternativen wird durch die Kombination einiger dieser Transformationen erhöht:

Kombination von Transformationen	Musikalische Transformation
Vertikale Transposition + vertikale Spiegelung	Krebs-Transposition
Vertikale Translation + horizontale Spiegelung	Umgekehrte Transposition

Translationen

Der Begriff „Translation" (Über-tragung) bezieht sich auf eine geometrische Transformation, bei der die betreffende Form in eine bestimmte Richtung bewegt wird, ohne ihre Form zu verändern oder eine Drehung zu verursachen. Nebenstehend dargestellt, sehen Sie eine horizontale und eine vertikale Translation.

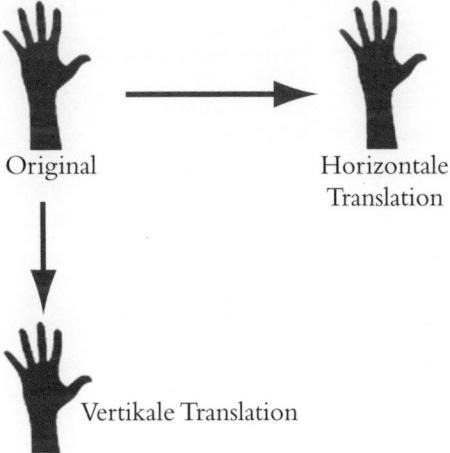

Original

Horizontale Translation

Vertikale Translation

Horizontale Translation: Wiederholung und Kanon

Bei den Notenlinien bedeutet die horizontale Translation eine Translation der Zeit, und es ergeben sich zwei musikalische Ausdrücke:

– Wiederholung: Eine Melodie oder ein Teil einer Melodie wird mehrfach hintereinander gespielt:

$$O \rightarrow O \rightarrow O \rightarrow O \rightarrow O \rightarrow O \rightarrow O \rightarrow O \rightarrow O.$$

In den einfachsten Fällen ist die horizontale Translation einfach nur die Wiederholung eines Musters, das in der Melodiezeile fortgesetzt wird:

Original-   Horizontal transpo-
melodie   nierte Melodie

– Der Kanon: Wie wir im vorigen Kapitel gesehen haben, ist der Kanon eine musikalische Struktur, bei der eine Melodie gleichzeitig mit verschiedenen Stimmen wiedergegeben wird, deren Start jeweils um ein kurzes Intervall gegenüber der vorhergehenden Stimme verschoben ist.

Stimme 1 →	A	B	C	D	…
Stimme 2 →		A	B	C	…
Stimme 3 →			A	B	…

Betrachten wir das französische Kinderlied *Frère Jacques* (im Deutschen „Bruder Jakob"). Wenn wir die ersten vier Achtel als Originalmelodie betrachten, ist sofort ersichtlich, dass diese Melodie wiederholt wird (Translation). Nachdem die erste musikalische Phrase abgeschlossen ist, entwickelt sich die Melodie in den nachfolgenden Takten so weiter, dass die Originalmelodie höher wird (in unserem Beispiel in unterschiedlichen Notenlinien dargestellt, um die einzelnen Stimmen besser zu erkennen). Von hier an entwickeln sich beide Melodien (das Original und die verschobene Kopie) gleichzeitig mit einer konstanten Überlappung weiter.

Betrachten Sie die ersten vier Takte:

Die beiden horizontalen Translationen erfolgen im Hinblick auf die Zeit. Eine dritte, vertikale Translation verändert die Position der Noten. Man spricht von einer „Transposition".

EIN SCHLAFLIED FÜR DIE GANZE WELT

Der Ursprung der Melodie und des Texts von *Frère Jacques* ist unbekannt. Man geht davon aus, dass die erste Niederschrift der Melodie unter dem Titel „Frère Blaise" Ende des 13. Jahrhunderts erfolgte. Einige Forscher weisen jedoch auf die offensichtliche Ähnlichkeit zwischen dem Lied und der Melodie eines Werks des Italieners Girolamo Frescobaldi von 1615 hin. Verschiedene Studien haben seinen Text („Frère Jacques / Dormez-vous? / Sonnez les matines! […], im Deutschen „Bruder Jakob / Schläfst du noch? / Hörst du nicht die Glocken?") als Spott gegenüber den Protestanten, den Juden und sogar Martin Luther selbst interpretiert. Andere verstehen es als Anspielung auf die Bequemlichkeit der Jakobinermönche, die in Frankreich als die Lebemänner des Klerus betrachtet werden. Das Schlaflied ist in der ganzen Welt so verbreitet, dass bei einer Umfrage unter chinesischen Schülern festgestellt wurde, dass sie dieses Lied als kulturelles Erbe ihres eigenen Landes verstehen!

Vertikale Translation: Die Transposition

Die isometrische Translation der Noten entlang der vertikalen Achse erzeugt eine Transposition. Die Melodie bleibt gleich, aber in einer höheren oder tieferen Stimme, abhängig davon, ob sie auf den Notenlinien höher oder tiefer angegeben ist.

Originalmelodie

Um eine Quinte nach oben transponierte Melodie

Die Translation einer Melodie ist eine Operation, die wir uns genauer ansehen sollten. Das ausgewählte Beispiel demonstriert das grundlegendste Prinzip, wie eine Melodie transponiert wird. Die folgenden Beispiele, Auszüge aus unterschiedlichen Werken und Musikstilen, zeigen einige der Verwendungszwecke, die für die Symmetrie der Translation in der Komposition ganz typisch sind. In der *Sonate op. 27 Nr. 2*, auch als *Mondscheinsonate* bezeichnet, verwendet Ludwig van Beethoven (1770-1827) ein Arpeggio aus drei Noten, das wie ein Strukturgenerator wiederholt wird.

In der Rockmusik sind „Riffs" kurze, rhythmische Melodien, die im Allgemeinen auf einer Gitarre gespielt werden, und die häufig nacheinander wiederholt werden. Ein Beispiel dafür ist etwa *(I Can't Get No) Satistfaction* von den Rolling Stones, das eines der berühmtesten Riffs aller Zeiten enthält.

Die stetige Wiederholung eines musikalischen Elements (wie in den beiden vorigen Beispielen) wird als „Ostinato" bezeichnet.

Was die komplexeren Wiederholungen von Kanons betrifft, wollen wir ein Beispiel vom Großmeister dieses Fachs betrachten, Johann Sebastian Bach (1685-1750). Bach verwendete dieses eher formale System für höchst geniale Kompositionen. Seine Kunstfertigkeit in diesem Bereich war so groß, dass er die Gewohnheit hatte, kleine, speziell für die entsprechende Gelegenheit geschriebene Arbeiten als Geschenke zu überreichen. Nachfolgend sehen wir *Kanon zu zwei Stimmen, Kanon BWV 1075*, eine kurze Komposition aus acht Takten, vorgetragen von zwei Stimmen, die um zwei Takte verschoben sind. Dank seiner Struktur gelangt das Werk in einen Zyklus, der endlos fortgesetzt werden könnte.

Hier die Entwicklung des Kanons.

Einer der vielleicht berühmtesten Kanons in der Geschichte wurde vom deutschen Komponisten Johann Pachelbel (1653-1706) geschrieben. Sein *Kanon in D* wurde durch seine Verwendung im Soundtrack des Films *Eine ganz normale Familie* (1980) berühmt, und er ist gleichzeitig sowohl als Kanon als auch als Chaconne geschrieben, d. h. er kombiniert zwei Arten horizontaler Translationen.

Die Chaconne ist ein Thema mit Variationen, wobei der Bass immer wieder dasselbe Fragment wiederholt und die restlichen Stimmen Variationen zu diesem Thema darstellen. In diesem Fall werden die Variationen von den drei oberen Stimmen im Kanon in einer von Pachelbel häufig verwendeten Struktur interpretiert. Basierend auf einer wiederholten harmonischen Kadenz (die in der Geschichte häufig verwendet wurde) entwickelt sich der Höhepunkt des Stücks progressiv und ohne Sprünge, wobei ruhige und melancholische Passagen in euphorische und strahlende übergehen.

Pavana op. 50 des französischen Komponisten Gabriel Fauré (1845-1924) soll hier ebenfalls erwähnt werden. Zu Beginn enthält das Stück ein anfängliches Muster, das von den Cellos, Bratschen und den zweiten Geigen zweimal (Takt 1 und Hälfte von Takt 2) wiederholt wird.

Unser nächstes Beispiel ist die berühmte *Symphonie Nr. 5 in C -Moll op. 67* von Beethoven, bei dem eine diagonale Translation verwendet wird, die horizontale und vertikale Verschiebungen kombiniert. In der oberen Stimme (in der nach-folgenden Abbildung gekennzeichnet) wird derselbe, einen Takt lange melodische Ausdruck immer wieder verkettet und aufsteigend transponiert.

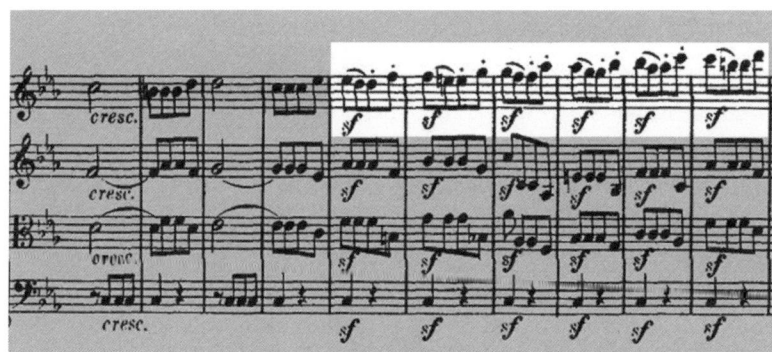

Spiegelungen

Eine Spiegelung ist eine Transformation, die das Bild ändert, indem sie es invertiert, so als würden wir es im Spiegel sehen. Die Spiegelung eines Musters erzeugt sein Spiegelbild, d. h. wir können es nicht durch eine einfache Drehung in das Original zurückführen (wie beispielsweise das Bild eines Mannes mit Augenklappe über seinem rechten Auge im Spiegel). Das Originalspiegelbild kann jedoch wiederher-gestellt werden, indem eine doppelte Spiegelung vorgenommen wird, also wenn das Bild in einem zweiten Spiegel reflektiert wird. Wir werden hier zwei Arten von Spiegelungen betrachten: die erste an einer horizontalen Achse und die zweite an einer vertikalen. Die Kombination beider Transformationen führt zu einer Dre-hung von 180°, wie im Bild gezeigt:

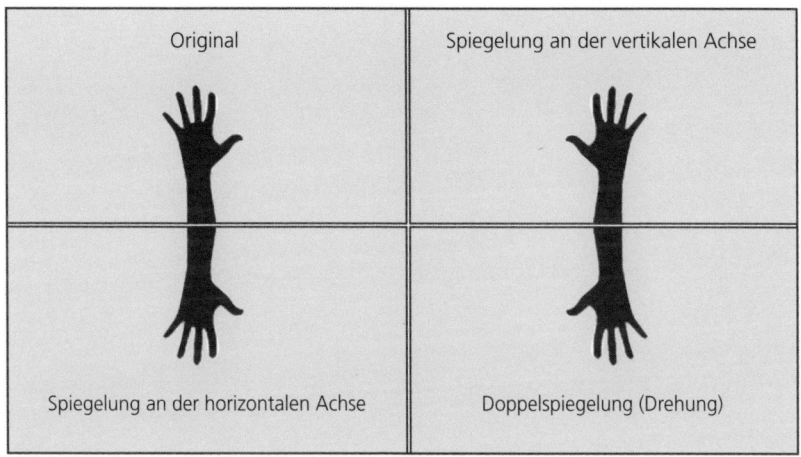

Durch die Anwendung neuer Spiegelungen auf musikalische Muster erhalten wir neue Muster, die als „Umkehrungen" und „Krebse" der Originalmuster bezeichnet werden.

Spiegelung an der vertikalen Achse: Der Krebs

Dies liegt vor, wenn eine Melodie beginnend mit der letzten Note neu geschrieben wird, wobei die Noten des Originals rückwärts durchlaufen werden, sodass sie in umgekehrter Richtung wiederholt werden:

Originalmelodie   Krebs

Wenn sowohl die Originalmelodie als auch der Krebs nacheinander gespielt werden, sprechen wir von einer „melodischen Symmetrie", die aufgrund ihrer horizontalen Natur auch als „melodisches Palindrom" bezeichnet wird.

Symmetrische Melodie

Palindrom

Ein wohlbekanntes Beispiel dafür ist das „Halleluja" aus dem Oratorium im *Messias* von Georg Friedrich Händel (1685-1759).

Dieselbe Symmetrie finden wir zu Beginn des berühmten Stücks *I've Got Rhythm* des amerikanischen Komponisten George Gershwin:

AMBIGRAMME

Palindromische Wörter und Zahlen sind bekannte Beispiele für Symmetrien in Ziffern und Buchstaben. Weniger bekannt sind Ambigramme: Bilder, die einen Text darstellen, der so gezeichnet ist, dass durch eine Transformation (Spiegelung, Drehung usw.) wieder der ursprüngliche Text oder ein anderer, verwandter Text zu lesen ist. Hier zeigen wir eine Drehung für den Namen Mozarts, erstellt vom Amerikaner Scott Kim.

Spiegelung an der horizontalen Achse: Umkehrung
Betrachten wir die Umkehrung einer einfachen Melodie, die an ihrer Symmetrieachse in *D* gespiegelt wird:

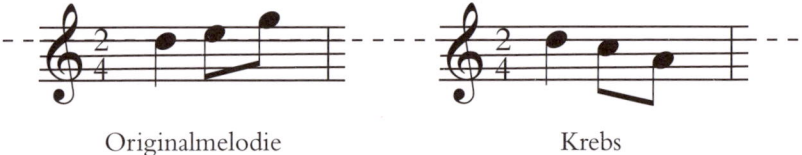

Originalmelodie   Krebs

Die folgende Abbildung zeigt, dass beide Melodien, gespielt auf einem Klavier, symmetrisch im Hinblick auf die verwendeten Tasten bezüglich *D* sind:

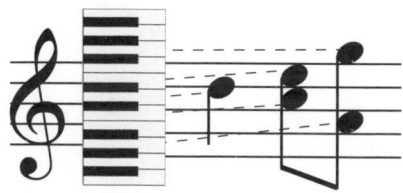

Im *Agnus Dei* verwendet Fauré die vertikale Spiegelung als grundlegende Struktur dieses Teils. In den Anfangstakten werden die ersten zwei Achtel gespiegelt, um den Takt jeweils zu vervollständigen:

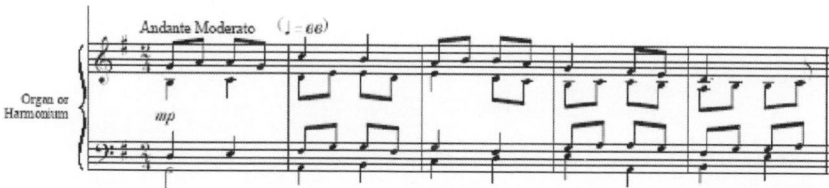

In der folgenden Passage des *Streichquartetts in G-Moll op. 10* des französischen Komponisten Claude Debussy (1862-1918) wechseln die erste Geige und die Bratsche stetig entgegengesetzte (d. h. gespiegelte) und parallele Sätze ab:

Der Chor von *Samba de uma nota só* des brasilianischen Komponisten Antonio Carlos Jobim (1927-1994) verwendet einen zweiten Takt, der eine Drehung des ersten Takts um 180° darstellt:

Vierundzwanzig Capriccios für Sologeige des italienischen Komponisten Niccolò Paganini (1782-1840) haben zahlreiche Variationen angeregt. Die vielleicht berühmteste davon ist vermutlich die von Sergei Rachmaninoff (1873-1943). Insbesondere hat *Capriccio 24* den russischen Komponisten inspiriert, eine symmetrische Version (Umkehrung) zu schaffen:

Paganini
(Fragment aus *Capriccio 24*)

Rachmaninoff
(Krebs: *Variation Nr. 18*)

In einigen Fällen behalten die Melodien eine Symmetrie im Hinblick auf ihre Tonhöhen bei, aber nicht im Hinblick auf ihre Dauer, wie beispielsweise der sechsten der *Sechs Melodien im Unisono* des *Mikrokosmos* von Béla Bartók (1881-1945). Die Symmetrieachse liegt in der ersten Note (C) des zweiten Systems, in den Notenlinien durch einen gestrichelten Rahmen gekennzeichnet.

Und im folgenden Beispiel schließlich ist die Arbeit der beiden Hände symmetrisch bezüglich des anfänglichen ♭:

Drehungen

Sie erinnern sich, dass eine Drehung um 180° gleich einer krebsgängigen Umkehrung ist. Dies ist die einzige Drehung, die in diesem Buch betrachtet werden soll, weil es eine Beziehung zwischen dem geometrischen Konzept und der spielbaren Musik gibt. Eine einfache 90°-Drehung dagegen ist nicht sinnvoll, wie im folgenden Beispiel gezeigt:

Genau wie in der Geometrie kann man sich eine Drehung um 180° wie eine doppelte Umkehrung vorstellen (horizontal und vertikal):

Originalmelodie   Krebsumkehrung

Hier zeichnet sich das Musikgenie Wolfgang Amadeus Mozart (1756-1791) mit einer obskuren Komposition aus. Bei dem betreffenden Stück handelt es sich um einen umkehrbaren Kanon, komponiert für zwei Geigen, deren Melodien im Bezug zueinander um 180° gedreht werden. Wenn wir uns die Drehung als Doppelspiegelung vorstellen, erkennen wir die spielerische Seite Mozarts in der horizontalen Spiegelung, wobei sich die Achse auf der *H*-Linie befindet. Das bedeutet, das Stück kann in einer einzigen Notenlinie mit einer einfachen Melodiezeile geschrieben werden. Bei der Aufführung des Werks sitzen sich die Künstler gegenüber, das Notenblatt zwischen sich. Das ist dank eines Violinschlüssels an jedem Ende der Notenlinien möglich: Wenn die Seite umgedreht wird, wird *G* zu *D*, *A* wird zu *C* usw. und nur die Note *H* bleibt unverändert:

Im Duett Der Spiegel *von Mozart spielen zwei Geiger die Umkehrung derselben Noten, aber in umgekehrter Richtung, während sie sich gegenübersitzen.*

Der österreichische Komponist Anton Webern (1883-1945) ist eine der Schlüsselfiguren der Zwölftonmusik, eines Stils, der insbesondere für die akademische Musik Anfang des 20. Jahrhunderts typisch ist. In seinem *Streichquartett op. 28* legt der Komponist eine Folge von Tönen fest, auf denen als erster Schritt der Komposition die Intervalle festgelegt werden. In diesem Stück kann man eine grundlegende Form erkennen: den Krebs und seine Umkehrung. Auf der Hälfte zeigt die Folge eine krebsgängige und umkehrende Symmetrie.

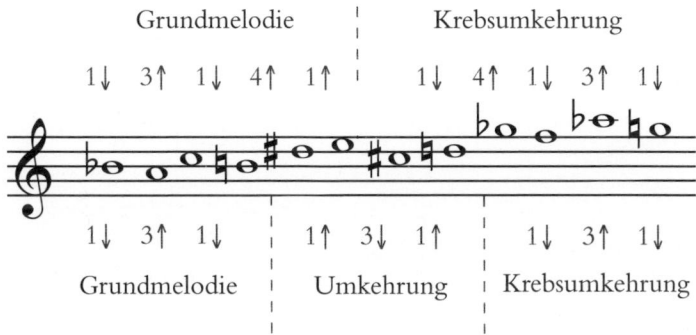

Eine Reihe von zwölf Tönen aus dem Streichquartett op. 28 *von* Anton Webern. *Die Ziffern geben die Halbtöne jedes Intervalls an. Die Pfeile zeigen an, ob das Intervall aufsteigend oder absteigend ist.*

Kombinationen

Die zuvor beschriebenen Transformationen wurden in verschiedenen Werken der gesamten Musikgeschichte immer wieder genial kombiniert. Sie gehören zu den wichtigen Werkzeugen der Komposition, und sie sind äußerst mächtig dank ihrer Fähigkeit, die Elemente der Transformation zu variieren – die unterschiedlichen Positionen der Symmetrieachsen bei Spiegelungen, das Intervall vertikaler Translationen und die horizontale Distanz zwischen Kanonteilen.

Die ursprüngliche Idee des Kanons, nämlich die Imitation einer Stimme durch mehrere andere Stimmen, wurde durch andere Arten der Imitationen erweitert, wobei auch mehr Symmetrien und Krebse verwendet wurden.

Horizontale Translation und vertikale Translation

Das formale Wesen des Kanons besteht aus dem zweiten identischen Teil, der horizontal verschoben ist. Wenn dieser Translation eine vertikale Verschiebung hinzugefügt wird, erhalten wir einen Kanon, dessen Einsätze bestimmte Intervalle voneinander entfernt sind, und die zweite Stimme beginnt die Melodie mit einer anderen Note als die erste. Für diese Situation müssen bestimmte Töne und Halbtöne geändert werden, auch als „tonale Reaktion" bezeichnet. Der Abstand, in dem die zweite Stimme einsetzt, gestattet eine erste Klassifizierung von Kanons.

Vertikale Translation und Spiegelung an einer vertikalen Achse

In dieser Kombination wird die Originalmelodie zuerst transponiert, und ihr Krebs wird schließlich aufgezeichnet.

Originalmelodie   Transposition   Transposition und Krebs

Vertikale Translation und Spiegelung an einer horizontalen Achse

Für diese Kombination ist es erforderlich, die Melodie in eine neue Anfangsnote zu transponieren und dann ihre Umkehrung zu schreiben. Diese beiden Operationen können durch eine geeignete Auswahl der Symmetrieachse auf eine einzige Operation reduziert werden.

Originalmelodie   Transposition um eine Quinte   Umgekehrte Transposition

Das Beispiel zeigt eine vertikale Translation, angeknüpft an eine horizontale Spiegelung mit der Achse an B.

Originalmelodie   Umkehrung

Dasselbe Ergebnis wie oben, aber mit Anwendung einer einzigen Spiegelung mit der Achse an der Note G.

Das Werk *The Lamb* des zeitgenössischen englischen Komponisten John Tavener kombiniert einige der hier beschriebenen Transformationen in einem wunderbaren Chorwerk, das er für seinen dreijährigen Neffen komponierte. Musikalisch betrachtet, handelt es sich um eine Folge aus Symmetrien: Der erste Takt enthält eine Melodie, die dann im zweiten Takt wiederholt (Translation) und dabei von einer zweiten Stimme begleitet wird, bei der es sich um eine Umkehrung (Symmetrie an einer horizontalen Achse) der Originalmelodie handelt. Die Symmetrieachse befindet sich an der Note G. Im dritten Takt erscheint eine neue Melodie, die im vierten Takt durch eine krebsgängige Version vervollständigt wird (Symmetrie an einer vertikalen Achse). In den Takten 5 und 6 wird die Melodie aus den Takten 3 und 4 wiederholt, begleitet von einer zweiten Stimme, die eine symmetrische Version singt (horizontale Symmetrie). Die Melodie der zweiten Stimme in Takt 6 ist eine Drehung der Originalmelodie aus Takt 4 um 180°, gesungen von der ersten Stimme.

Obwohl die Intervalle zwischen jedem Notenpaar in der Melodie streng eingehalten werden, ändert der Komponist aus ästhetischen Gründen die Länge der letzten Note jeder Phrase. Die Symmetriewirkung geht jedoch nicht verloren, weil sich die melodische Zeile in der Vorstellung wie eine Kurve aufbaut, die die Tonanstiege miteinander vereinigt, unabhängig davon, ob die Noten kurz oder lang gehalten werden.

DAS SIEGEL VON BACH

Johann Sebastian Bach entwarf sein eigenes, perfekt symmetrisches privates Siegel. Es besteht aus symbolischen Komponenten unter Verwendung dreier grundlegender Elemente: Der Krone, die Gott darstellt, den drei Initialen von Bach, JSB, die vertikal zusammen mit ihren Spiegelbildern angeordnet sind, und schließlich einer Kombination des J der einen Symmetrie mit dem S der anderen, woraus sich der griechische Buchstabe χ ergibt, das Initial für Christus in Griechenland. Dies entsteht in den beiden Symmetrien und ein drittes Mal, wenn die beiden S kombiniert werden.

In seinem *Kanon zu zwei Stimmen, BWV 1086*, verwendet Bach für die Imitation eine Umkehrung mit der Symmetrieachse an der Zeile für *E.* Wenn wir das Werk „klassifizieren" wollen, könnten wir sagen, wir haben eine Spiegelung an einer horizontalen Achse, kombiniert mit einer Translation (Kanon).

Ein weiteres Merkmal einiger der Werke Bachs ist die kryptische Darstellung dahingehend, dass zuerst die Anweisungen gelesen werden müssen, um den Kanon spielen zu können. In dem Stück mit der Katalognummer BWV 1073 schreibt der Komponist eine einzige Melodie in die Notenzeilen, und nicht einen, sondern vier Notenschlüssel. Jeder davon gibt einen anderen Wert für die Noten in den Notenlinien vor, sodass die Melodie für jeden Schlüssel anders zu interpretieren ist. Gemäß der Reihenfolge, in der die Schlüssel notiert sind, beginnt die Melodie mit einem *C*, geht weiter zu einem *G*, dann auf ein *D* und schließlich auf ein *A*. Diese Noten entsprechen den vier Saiten einer Bratsche.

Weimar. den 2. Aug: 1713

Dieses wenige wolte dem Herrn Besizer zu geneigtem Angedencken hier einzeichnen Joh: Sebast. Bach. Fürstlich Sächsischer HoffOrg. v. Cammer Musicus

Wenn die Melodien mit dem normalen Violin- und Bassschlüssel transformiert und die nachfolgenden Einsätze wie vom Autor gekennzeichnet expandiert werden, kann eine Notenlinie mit der vollständigen Entwicklung des Kanons gefunden werden.

DAS THEMA DES KÖNIGS

1740 besuchte Carl Philipp Emanuel Bach (1714-1788), das fünfte Kind von Johann Sebastian, den Hof Friedrichs des Großen, König von Preußen, in dessen Schloss täglich Kammerkonzerte gegeben wurden. Der König, Musikliebhaber, Flötist und auch Komponist, hatte von der Kunst von Bach Senior gehört und wollte ihn treffen. Nach einigem Widerstand konnte Carl seinen Vater überzeugen, dass er die Einladung annahm. Während seines Aufenthalts in Potsdam, dem Standort des Schlosses, probierte Bach auf Aufforderung des Königs alle Silbermann-Klaviere aus, die dieser in den Kammern und Salons hatte. Bach demonstrierte während dieser Tour seine kreative Kapazität und bat den König völlig unerwartet, ihm eine Melodie zu geben, aus der er eine Fuge erstellen würde. Bach reiste weiter nach Leipzig, und als Dank für die Gastfreundschaft komponierte er das *Musikalische Opfer* basierend auf der Melodie, die ihm Friedrich der Große übergeben hatte. Die Arbeit, in der Bach seine Kunst so wunderbar

entwickelte, wurde zwei Monate nach dem Treffen fertig und besteht aus zwei Ricercars, zehn Kanons und einer Sonate. Bach schrieb den Titel des ersten Ricercars auf das Manuskript: „Regis Iussu Cantio Et Reliqua Canonica Arte Resolute", das bedeutet „Das vom König bereitgestellte Thema, der Rest entwickelt gemäß der Kunst des Kanons". Der Satz verbirgt ein Wortspiel: ein Akrostichon. Wenn wir die Wörter des Satzes in einer Spalte aufschreiben, ergeben die ersten Buchstaben vertikal gelesen das Wort RICERCAR.

Ein Porträt von Carl Philipp Emanuel Bach. Unten das Thema des Königs Friedrich des Großen.

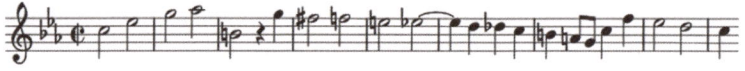

Skalare Transformationen

Die drei bisher gezeigten Symmetrien (Translation, Spiegelung und Drehung) haben alle eine gemeinsame Eigenschaft, sie sind „isometrisch", weil sie die ursprünglichen Größen und die Abstände zwischen den Elementen beibehalten.

Nicht isometrisch ist die „Skalierung". Sie erhöht oder verringert das Maß einer Note in eine ihrer Richtungen. Je nach Anwendung der Skalierung wird die Proportion der Note entweder beibehalten oder sie wird verformt. Wendet man dies auf die Musik an, muss zuerst zwischen den Dimensionen unterschieden werden.

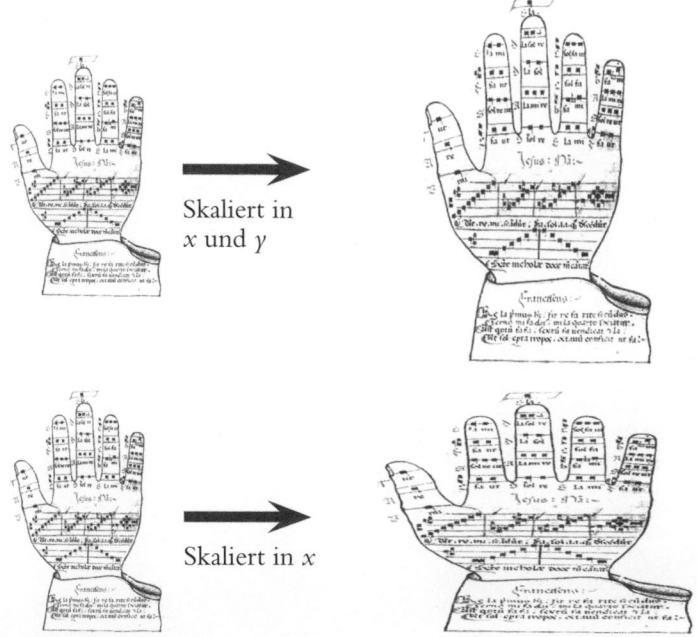

Horizontale Skalierung

Die deutlichsten Beispiele wenden die Skalierung nur auf die Zeitachse an. Eine Möglichkeit, diese Skalierung und damit die Geschwindigkeit eines Werks zu ändern, ist die Änderung der Metronom-Kennzeichnung:

Tempoänderung unter Verwendung einer Änderung des Metronoms.

Häufig ist es jedoch interessanter, die Geschwindigkeit der Darbietung zu ändern, während derselbe Schlag beibehalten wird (derselbe Metronom-Wert). Dazu werden die Noten durch ihre Äquivalente mit kürzerer oder längerer Dauer ersetzt:

Ein deutsches Requiem von Johannes Brahms

Der deutsche Komponist Johannes Brahms (1833-1897), der der Romantik ange-
hörte, verwendete die Skalierung in einer Passage seines berühmten Werks *Ein
deutsches Requiem*. Nach den ersten paar Solo-Takten singt der Sopran (die Zeile,
die in den Notenlinien als *Soprano solo* gekennzeichnet ist) eine Melodie in Achteln, die von den Tenören wiederholt wird, aber um ein Achtel verschoben und
mit verdoppelten Noten. Das bedeutet, die Achtel werden durch Viertel ersetzt, die
Viertel durch halbe Noten usw. Das Ergebnis ist, dass der Sopran die Melodie mit
der doppelten Geschwindigkeit der Tenöre (als *Tenors* gekennzeichnet) singt:

„Puttin' on the Ritz"

Diese berühmte Melodie stammt vom amerikanischen Musiker Irving Berlin
(1888-1989), dem „größten Songschreiber, der je gelebt hat", so sein Landsmann
und Zeitgenosse George Gershwin. Ursprünglich wurde das Lied 1929 veröffent-
licht und später unter anderem von Benny Goodman und Fred Astaire aufgenommen. Obwohl es sich um eine Pop-Komposition handelt, sind die Rhythmen ihrer
Strophen relativ komplex. Die Melodie wiederholt viermal einen Block aus vier
Noten, aber die vier Wiederholungen belegen nicht vier Takte, sondern etwas mehr
als drei, womit sich ein verwirrender rhythmischer Effekt ergibt:

Diesen Effekt erzielte Berlin, indem er einen Teil der Noten auf geniale Weise komprimierte, nämlich die eine oder andere, je nach Fall. Die folgende Abbildung zeigt, wie vier Noten, gruppiert in „melodische Blöcke" und dargestellt in von 1 bis 4 nummerierten Kreisen, sich in Bezug auf den Taktanfang (gekennzeichnet durch einen Pfeil) raffiniert verschieben.

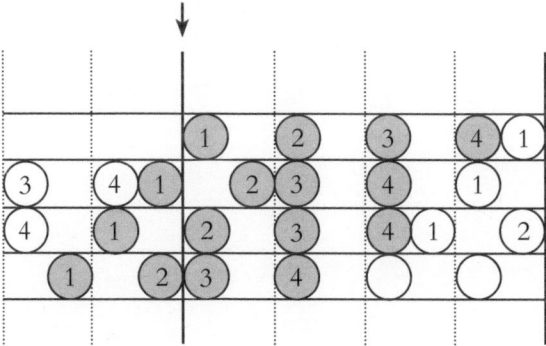

Vertikale Skalierung

Was passiert bei einer vertikalen Skalierung? Dies ist der merkwürdigste Fall, der am wenigsten zu verstehen und in musikalischer Hinsicht kaum nachzuvollziehen ist. Bei einer vertikalen Skalierung werden alle Intervalle proportional verstärkt. Im ersten Beispiel sind die Intervalle der ersten Melodie zwei Terzen; im zweiten werden diese Terzen in Quinten transformiert.

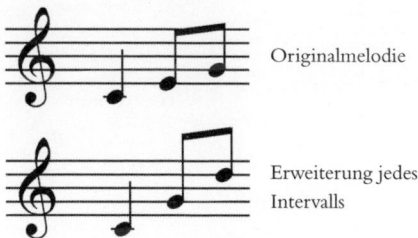

Originalmelodie

Erweiterung jedes Intervalls

Das Ziel, die ursprüngliche, aber erweiterte melodische Kurve zu wiederholen, kann in bestimmten Fällen erreicht werden, aber diese Transformation kann auch ganz schnell zu einer Parodie der Originalmelodie werden. Ein bemerkenswerter

Fall der vertikalen Skalierung verbindet Bach und John Cage und wird im klassischen populärwissenschaftlichen Werk *Gödel, Escher, Bach: Ein Endloses geflochtenes Band* vom amerikanischen Autor Douglas Hofstadter zitiert. In der angelsächsischen Notation dargestellt, kann durch eine Skalierung der Noten von *A* bis *G* das Thema *BACH* in *CAGE* umgewandelt werden … jedenfalls so gut wie.

Die Intervalle des Themas *BACH* lauten: -1 | +3 | -1. Multiplizieren wir diese Intervalle mit 3, erhalten wir -3 | +9 | -3, was fast *CAGE* entspricht, dessen Intervalle -3 | +10 | -3 sind.

Harmonische Symmetrien

Symmetrische Akkorde

Eine Oktave besteht aus zwölf Halbtönen. Dieser Halbtonraum kann nur auf zwei Arten auf symmetrische Akkorde verteilt werden: einen mit 3 Noten, die 4 Halbtöne voneinander getrennt sind, und einen mit 4 Noten, die 3 Halbtöne voneinander getrennt sind.

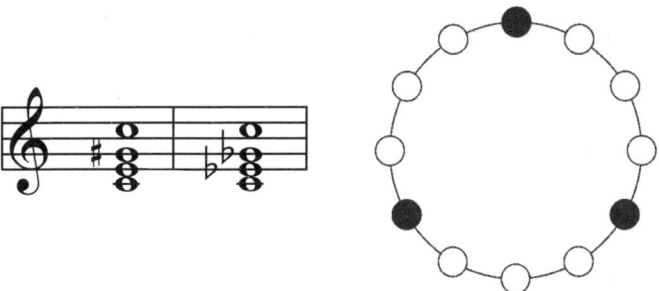

Der erste Akkord ist die „vergrößerte Quinte", bestehend aus zwei großen Terzen. Der zweite Akkord ist die „verkleinerte Septime". Wegen seiner Symmetrie spielt dieser Akkord eine wichtige Rolle in der Musikgeschichte, da er auf verschiedene Weise „gelesen" werden kann, je nachdem, wie er in Erscheinung tritt.

Symmetrische Tonleitern

In seinem Buch *Technik meiner musikalischen Sprache* klassifiziert der französische Komponist Olivier Messiaen (1908-1992) eine Folge von Tonleitern, die er als „Modi begrenzter Transpositionen" bezeichnet. Diese Tonleitern umfassen eine Oktave und verteilen die Intervalle, die ein Notenpaar jeweils trennen, auf symmetrische Weise. Sie basieren auf dem chromatischen System aus zwölf Tönen und setzen sich aus unterschiedlichen symmetrischen Gruppen zusammen. Nachdem die Tonleiter festgelegt wurde, wird sie sukzessive transponiert, bis das nicht mehr möglich ist. Dies passiert, wenn eine neue Transposition eine Tonleiter erzeugt, die die Noten der ersten Gruppe wiederholt. Die erste Tonleiter der Klassifizierung von Messiaen wird als die „Ganztonleiter" bezeichnet.

Diese Tonleiter gestattet nur zwei Anordnungen, beginnend bei *C* und ♯*C*. Diejenige, die bei *D* beginnt, wiederholt die Noten der anfänglichen Tonleiter.

Die zweite Tonleiter ist die verkleinerte oktatonische Tonleiter, die abwechselnd Halbtöne und ganze Töne verknüpft. Sie wird in vier Gruppen mit je drei Noten unterteilt und gestattet drei Transpositionen.

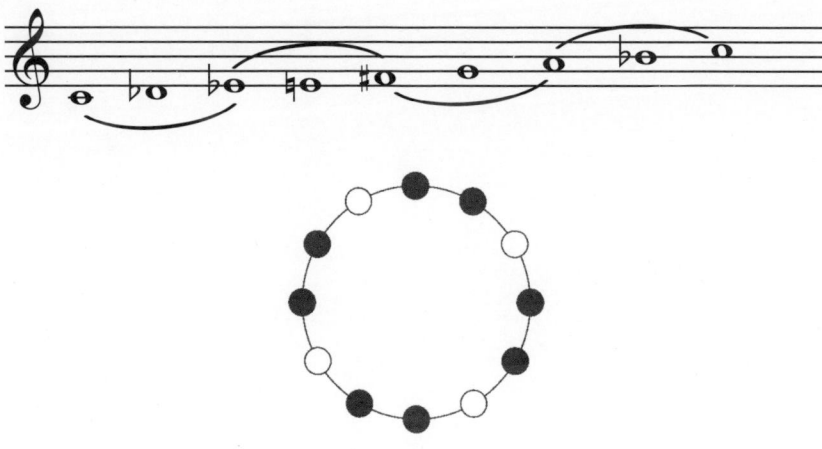

Die dritte Tonleiter enthält die Folge Ton | Halbton | Halbton und erzeugt drei Gruppen mit je vier Tönen. Sie gestattet vier Transpositionen.

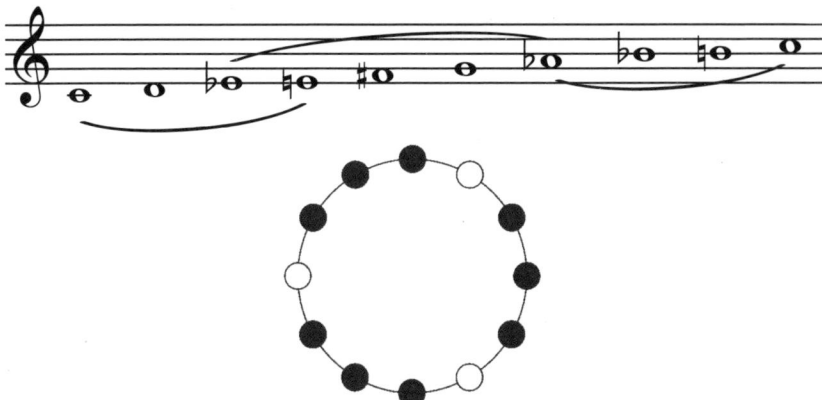

Die vierte Tonleiter enthält die Folge Halbton | Halbton | Ton und ein halber Ton (drei Halbtöne) | Halbton. Zwei Gruppen und sechs Transpositionen.

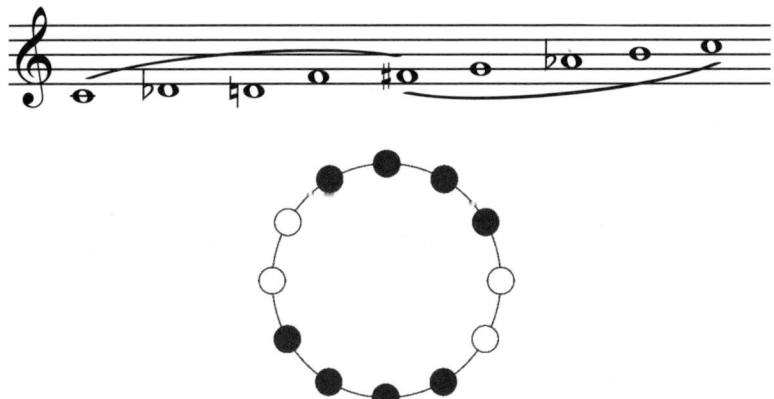

Die fünfte Tonleiter besteht aus zwei symmetrischen Gruppen (Halbton | zwei Töne | vier Halbtöne). Sie gestattet sechs Transpositionen.

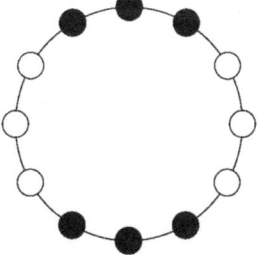

Die sechste Tonleiter ist in zwei Gruppen aus fünf Tönen unterteilt (Ton | Ton | Halbton | Halbton) und gestattet sechs Transpositionen.

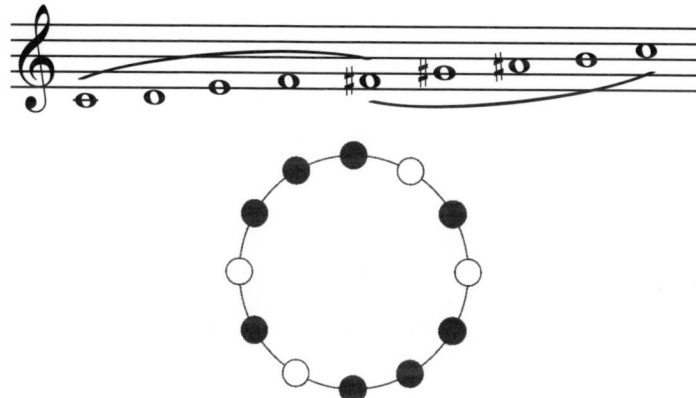

Die siebte Tonleiter hat zwei Gruppen mit sechs Tönen (Halbton | Halbton | Halbton | Ton | Halbton) und gestattet sechs Transpositionen.

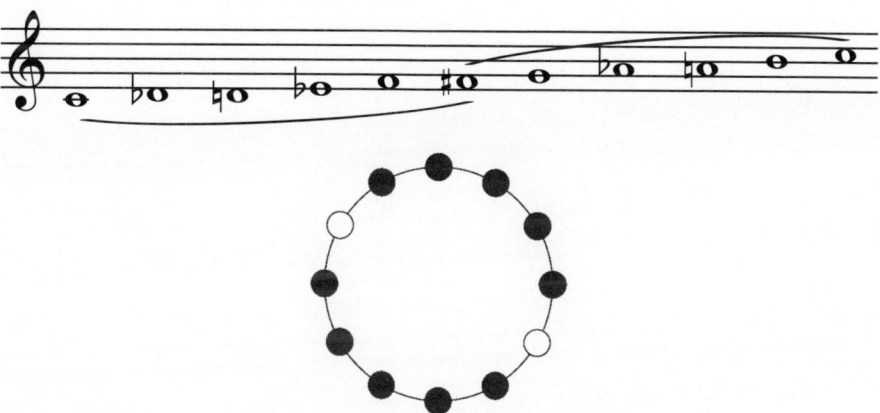

Die Mathematik der musikalischen Form

Die Symmetrie ist nicht nur auf den Entwurf von Phrasen und Melodiemustern begrenzt. Aus der Perspektive der Mathematik sind auch interessante Designs in Teilen komplexerer Strukturen zu erkennen.

Die formale Analyse eines Musikwerks beschäftigt sich mit der „Arbeitsebene", d. h. mit den Teilen, aus denen es besteht, ebenso wie mit den Verbindungen zwischen ihnen. Eine solche Ebene kann mit unterschiedlichen

Annäherungsgraden dargestellt werden kann, abhängig von der verwendeten Skalierung, deshalb können sowohl ein allgemeiner Überblick gewonnen als auch bestimmte Details dargestellt werden.

ABCDE ...

Wir beginnen mit einem allgemeinen Überblick. Dazu betrachten wir die Hauptstrukturen, die wir mit Großbuchstaben bezeichnen. Die Teile einer musikalischen Form sind Wiederholungen oder Variationen. Ein aus einem einzigen Teil bestehendes Werk, das als Ganzes wiederholt wird, kann ausgedrückt werden als:

Dies ist eine einfache Symmetrie. Ein Werk mit zwei völlig unterschiedlichen Abschnitten dagegen weist keinerlei Symmetrie auf:

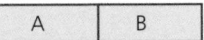

Gibt es formell symmetrische Werke? Ja. Es handelt sich sogar um eine sehr häufig vorkommende Form. Ein Beispiel ist das *Scherzo* („Spiel" oder „Spaß", eine musikalische Form, die häufig Teil eines größeren Werks ist, wie beispielsweise einer Symphonie, z. B. der zweite Satz der *Neunten Symphonie* von Beethoven oder der dritte Satz der *Vierten* von Tschaikowski). Im Wesentlichen ist das *Scherzo* binär, mit der Form AB. Nachdem der zweite Teil gespielt wurde, wird der erste wiederholt, sodass sich eine ternäre Form ergibt:

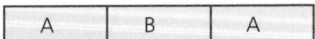

Dies ist natürlich die einfachste Form der Symmetrie. Die Wiederholung kann wiederkehren, womit sich weitere symmetrische Formen ergeben.

Es gibt auch zusammengesetzte ternäre Formen, wobei jeder Teil aus ternären Formen besteht. Daraus ergeben sich größere symmetrische Strukturen:

A	B	A
aba	cdc	aba

Bestimmte kurze Stücke, wie beispielsweise der *Walzer op. 34 Nr. 1* von Frédéric Chopin (1810-1849), enthalten noch umfangreichere Symmetrien im Hinblick auf ihre Struktur:

A	B	C	D	C	B	A

Mit zunehmendem Umfang der Werke nimmt die Wahrscheinlichkeit ab, dass der zweite Teil ein Krebs ist. Das *Musikalische Opfer* von Bach zeigt eine formelle Symmetrie der folgenden Art:

RICERCAR	KANONS	SONATA TRIO	KANONS	RICERCAR

Bachs *Messe in h-Moll*

Bach, der im formellen Bereich erfindungsreichste Komponist der Geschichte, verwendet in zahlreichen seiner Werke Strukturen mit symbolischen und mathematischen Eigenschaften. Seine *Messe in h-Moll, BWV 232*, besteht aus 27 Stücken, gruppiert in vier Teile: „Kyrie", „Gloria", „Credo" und einen vierten Teil, der verschiedene untergeordnete Teile zusammenfasst: „Sanctus", „Hosanna", „Benedictus", „Agnus Dei". Die Idee des deutschen Komponisten war es, die heilige Dreifaltigkeit sowohl musikalisch als auch numerisch darzustellen.

Die Zahl 3 stellt die heilige Dreifaltigkeit dar. Sowohl die Gesamtzahl der Stücke des Werks (27) ebenso wie alle Aufteilungen in die vier Teile (3 + 9 + 9 + 6) sind durch 3 dividierbar. Insbesondere die mittleren Stücke („Gloria" und „Credo") haben eine symmetrische Struktur. „Gloria" hat in ihrem Symmetriezentrum den Abschnitt „Domine Deus". Im „Credo" befindet es sich im „Crucifixus":

— Kyrie

Kyrie eleison (1.).

Christe eleison.

Kyrie eleison (2.).

— Gloria

Gloria in excelsis.

Et in terra pax.

Laudamus te.

Gratias agimus tibi.

Domine Deus. ←

Qui tollis peccata mundi.

Qui sedes ad dexteram Patris.

Quoniam tu solus sanctus.

Cum Sancto Spiritu.

— Credo

Credo in unum Deum.

Patrem omnipotentem.

Et in unum Dominum.

Et incarnatus est.

Crucifixus. ←

Et resurrexit.

Et in Spiritum Sanctum.

Confiteor.

Et expecto.

— Sanctus, Hosanna, Benedictus und Agnus Dei

Sanctus.

Hosanna.

Benedictus. Aria

Hosanna (da capo).

Agnus Dei.

Dona nobis pacem.

Insbesondere im „Credo" fassen die drei zentralen Elemente das Leben von Christus zusammen, von seiner Empfängnis (*Et incarnatus est*) bis zur Auferstehung (*Et resurrexit*), mit der Kreuzigung (*Crucifixus*) als zentralem Satz.

MUSIKALISCHE KRYPTOGRAMME

Ein Kryptogramm ist eine verschlüsselte Botschaft, die nur verstanden werden kann, wenn der Empfänger den Schlüssel kennt. Die Botschaft kann in einer Zeichnung, in einem Text oder in einer Mischung aus Zahlen und Buchstaben versteckt sein. In jedem Fall wird die Bedeutung unter Verwendung eines bekannten Codes wiederhergestellt. Ein musikalisches Kryptogramm ist ein Stück, mit dem es möglich ist, einen Text zu entziffern, indem einfach die Noten benannt werden. Viele Komponisten haben dieses System verwendet, um melodische Muster zu erzeugen. Das berühmteste davon ist zweifellos *B-A-C-H*, wobei die klassische deutsche Namenskonvention angewendet wird. Andere berühmte Muster sind:

– *ABEGG*: zu Ehren von Meta Abegg, in *Abegg-Variationen* von Robert Schumann.
– *CAGE*: für John Cage, verwendet von Pauline Oliveros.
– *GADE*: für Niels Gade, verwendet von Robert Schumann.

Anton Webern wählt in der Folge, die in seinem *Streichquartett op. 28* erscheint, die vier Noten *BACH* und wendet zwei geometrische Transformationen an, um die anderen acht Noten basierend auf dieser Gruppe zu konstruieren.
Der Österreicher Alban Berg (1885-1935) wiederum bringt in seiner Oper *Wozzeck* eine Hommage an die drei wichtigsten Vertreter der Wiener Schule unter, wobei ein kryptografisches Design für jedes Instrument geschaffen wird:

– Das Klavier: Arnold Schönberg (*ADSCHBEG*).
– Die Geige: Anton Webern (*AEBE*).
– Die Trompete: Alban Berg (*ABABEG*).

Der goldene Schnitt in der Musik

Der Italiener Leonardo da Pisa, besser bekannt als Fibonacci (1170?-1250), war einer derjenigen, die die arabischen Zahlen im Westen einführten. In seinem Werk *Liber Abaci* formuliert er die folgende Aufgabenstellung:

Ein Mann setzt ein Paar Kaninchen in einen umzäunten Raum. Wie viele Paare Kaninchen können von diesem Paar in einem Jahr gezeugt werden, wenn angenommen wird, dass jedes Paar jeden Monat ein neues Paar zeugt, das ab dem zweiten Monat ebenfalls geschlechtsreif ist?

Die Lösung für diese Frage lautet:

– In den ersten zwei Monaten gibt es nur ein Kaninchenpaar (A).
– Im dritten Monat wird das erste Paar Nachkommen von A geboren (B).
– Im vierten Monat wird das zweite Paar Nachkommen von A geboren (C).
– Im fünften Monat wird das dritte Paar Nachkommen von A geboren (D), ebenso wie das erste Paar Nachkommen von B.

Betrachtet man diese Folge im Verlauf der Monate, ergibt sich für die Anzahl der Kaninchenpaare: 1, 1, 2, 3, 5, 8, 13, 21, 34, 55, 89, 144 usw. Diese Zahlenfolge wird auch als „Fibonacci-Folge" bezeichnet. Wenn wir den Quotienten der benachbarten Terme dieser Folge berechnen, erhalten wir die folgenden Werte:

$$1/1 = 1$$
$$2/1 = 2$$
$$3/2 = 1,5$$
$$5/3 = 1,666…$$
$$8/5 = 1,6$$
$$13/8 = 1,625$$
$$21/13 = 1,615…$$
$$34/21 = 1,619…$$

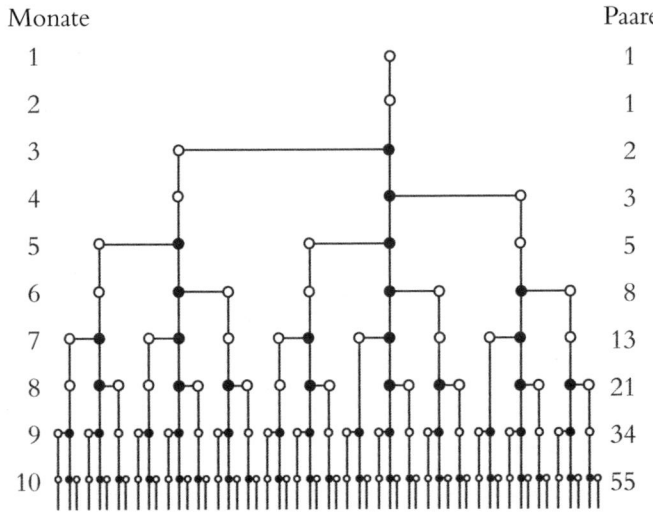

Ein Diagramm, welches das Wachstum einer Kaninchenpopulation veranschaulicht. Die weißen Punkte stehen für junge Kaninchenpaare, die schwarzen zeigen erwachsene Kaninchenpaare an, die sich fortpflanzen können.

Der Grenzwert dieser Quotientenreihe ist 1,618033989…, genannt „die goldene Zahl", „die göttliche Proportion" oder „der goldene Schnitt". Dieser wird bereits seit langer Zeit mit Harmonie und Schönheit assoziiert. Die Terme der Fibonacci-Folge tauchen in den verschiedensten Bereichen der Natur auf, wie beispielsweise bei der Anordnung der Samen von Sonnenblumen, den Winkeln von Blättern und Stielen bestimmter Pflanzen, den Spiralen von Schneckenhäusern usw.

Alle Segmente des fünfzackigen Sterns oder „Pentagramms", das in zahlreichen Kulturen eine starke symbolische Präsenz besitzt, halten den goldenen Schnitt ein. Rechts daneben ein Diagramm, das die Anordnung der Samenkörner in einer Sonnenblume zeigt, mit 55 Spiralen im Uhrzeigersinn und 89 gegen den Uhrzeigersinn.

Der goldene Schnitt findet sich auch in der Musik. Einige Kompositionen von Mozart und Beethoven scheinen ihren Höhepunkt, den Moment der maximalen Spannung, an einem Punkt zu erreichen, der das Werk in Abschnitte mit einer Länge unterteilt, die in etwa dem goldenen Schnitt entsprechen. Sehr wahrscheinlich haben beide Genies dieses Ergebnis intuitiv geschaffen, um ihre Musik im formalen Gleichgewicht zu halten. Bei Bartók dagegen erscheinen die Fibonacci-Zahlen so offensichtlich in seiner Arbeit, dass eine zufällige Anwendung eher unwahrscheinlich ist. Die erste Fuge seiner *Musik für Saiteninstrumente, Schlagzeug und Celesta* hat (fast) 89 Takte, die in Abschnitte von 55 und 34 Takte unterteilt sind. Diese Abschnitte wiederum können nach den Fibonacci-Zahlen unterteilt werden: der erste in 34 und 21 Takte, der zweite in 13 und 21 Takte. Der dritte Satz des Werks, ein Adagio, beginnt mit einer rhythmischen Progression, wobei das Xylofon dasselbe *F* in Gruppen von 1, 1, 2, 3, 5, 8, 5, 3, 2, 1 und 1 spielt. Sein *Streichquartett Nr. 4* hat insgesamt 2.584 Takte in seinen fünf Sätzen, die 18. Zahl in der Fibonacci-Folge.

Die Fibonacci-Zahlen sind auch hinter bestimmten von Bartók verwendeten Intervallmodellen zu finden, mit Intervallen aus 2, 3, 5, 8 und 13 Halbtönen.

Und auch einige Arbeiten von Debussy scheinen dem goldenen Schnitt nach angelegt zu sein, oder zumindest in Übereinstimmung mit den Fibonacci-Zahlen. Die Einführung von „Dialog zwischen Wind und Meer" des Orchesterwerks *Das Meer* hat 55 Takte, unterteilt in Abschnitte von 21, 8, 8, 5 und 13 Takten. Der „goldene" Takt, 34, ist durch einen fulminanten Einsatz der Posaunen gekennzeichnet.

Viele dieser Analysen gestatten eine gewisse Annäherung an die Realität, aber man muss vorsichtig damit umgehen. Es besteht die Gefahr der selbsterfüllenden Prophezeiung. Ein Zuhörer, der zuvor auf das (mögliche) Vorhandensein des goldenen Schnitts aufmerksam gemacht wurde, bemüht sich wahrscheinlich auch, diesen zu hören.

DAS MASS DER SCHÖNHEIT

Im kreativen Prozess erzeugt der Künstler die Form – die detaillierte und die allgemeine, auf der Suche nach Spannung und Freiheit, Kanten und Kurven, Höhen und Tiefen. Das Ergebnis ist ein Zustand des Gleichgewichts, ob stabil oder instabil. Die ästhetische Freude, die bei einem Betrachter durch ein Kunstwerk geweckt werden kann, ist letztlich eine subjektive Angelegenheit. Gibt es jedoch eine Möglichkeit, das objektive Kriterium der Schönheit zumindest annähernd zu erreichen? Der goldene Schnitt ist das vielleicht bekannteste objektive Mittel für die Bewertung der Schönheit eines Objekts, auch wenn es bereits andere Versuche gab. Der amerikanische Mathematiker George Birkhoff (1884-1944) veröffentlichte Anfang der 1930er-Jahre sein Werk *A Mathematical Theory of Aesthetics and Aesthetic Measure* (Eine mathematische Theorie der Ästhetik und des ästhetischen Maßes). Die Untersuchungen von Birkhoff konzentrierten sich auf Musik und Poesie. Er definierte einen Faktor, den er als ästhetisches Maß bezeichnete, und der aus zwei Komponenten besteht: der „ästhetischen Ordnung" (O) und der „Komplexität" (C):

$$M = \frac{O}{C}.$$

Die ästhetische Ordnung ist durch die Regelmäßigkeit der Elemente gegeben, aus denen sich das betrachtete Objekt zusammensetzt, während die Komplexität den Grad misst, zu dem diese Elemente vorhanden sind. Birkhoff war der erste, der erkannte, dass er für die Erzielung repräsentativer Ergebnisse nicht das Werk als Ganzes untersuchen durfte, sondern nur eine bestimmte Eigenschaft dessen. Im Falle der Musik beispielsweise waren das die isolierten Noten des Takts und der harmonische Kontext. Ein Werk ist offenbar je schöner, desto weniger komplex es ist, d. h. es gibt eine direkte Beziehung zwischen Schönheit und Einfachheit.

Kapitel 4

Wellen und Bits

Musik ist die Arithmetik der Töne, so wie die Optik die Geometrie des Lichts ist.
Claude Debussy

Jetzt wollen wir unsere Aufmerksamkeit den verschiedenen Eigenschaften der Töne und der Verbindung zwischen ihnen widmen. Dazu beschäftigen wir uns zunächst genauer mit der Natur. Diese Annäherung an den Ton, ihn nämlich nicht als künstlerischen Akt, sondern als physikalisches Phänomen zu betrachten, bedingt die Verwendung mathematischer Werkzeuge, um das Ganze zu entschlüsseln und zu verstehen.

Zunächst tauchen wir ab in den Mikrokosmos und den Fluss der Elektronen in Schaltkreisen, um zu beobachten, wie Audioinformationen weitergegeben werden, wenn sie nicht wie eine Schallwelle agieren.

Die Physik des Schalls

Bisher haben wir uns auf eine Eigenschaft der Töne konzentriert, die wir als Tonhöhe bezeichnen, und die den Schwingungsfrequenzen zuzuordnen ist. Ein Ton wird durch die oszillierende Bewegung eines Festkörpers erzeugt, egal ob aus Metall, Holz, Leder, aber auch durch Stimmbänder oder einen Wasser- oder Luftstrom. Einmal ausgestoßen, wird die Schwingung an die benachbarten Partikel weitergegeben.

Unabhängig von der Schallquelle wird die Welle irgendwann an die Luft weitergegeben und erreicht unsere Ohren. Die Welle verursacht eine Folge von Kompressionen und Expansionen der Luftpartikel, was unsere Ohren als Schall wahrnehmen. Es handelt sich um eine Oszillation aus Druckzuständen, auch als Welle bezeichnet. Wenn die Schwingungswelle gleichmäßig ist, wird die Oszillation als „harmonisch" bezeichnet. Die Geschwindigkeit, mit der sich die beiden Zustände abwechseln, wird als „Frequenz" bezeichnet und anhand der Oszillationen pro Sekunde (Hertz) gemessen. Je höher die Frequenz ist, desto höher ist der wahrgenommene Ton.

Eine Oszillation beginnt in einem Ruhezustand und wächst an, bis sie ihre maximale Höhe (A) erreicht hat. Von hier aus beginnt sie, wieder in den Ruhezustand zurückzukehren, von wo aus die Oszillation anschließend in die entgegengesetzte Richtung verläuft, bis eine neue maximale Höhe (-A) erreicht ist. Nach der Rückkehr in den Ruhepunkt hat sie einen vollständigen Zyklus (λ) durchlaufen. Mathematisch gesehen, wird die Oszillation eines reinen Tons unter Verwendung der Sinusfunktion dargestellt:

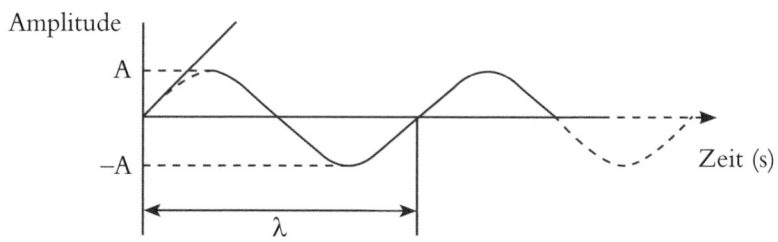

Jede der Variablen dieser Funktion ist einer der Eigenschaften von Schall zugeordnet: Höhe, Intensität („Tonstärke") und Klangfarbe. Die „Höhe" wird durch die Frequenz der Oszillation bestimmt. Eine niedrige Frequenz entspricht niedrigen Tönen, eine hohe Frequenz entspricht hohen Tönen.

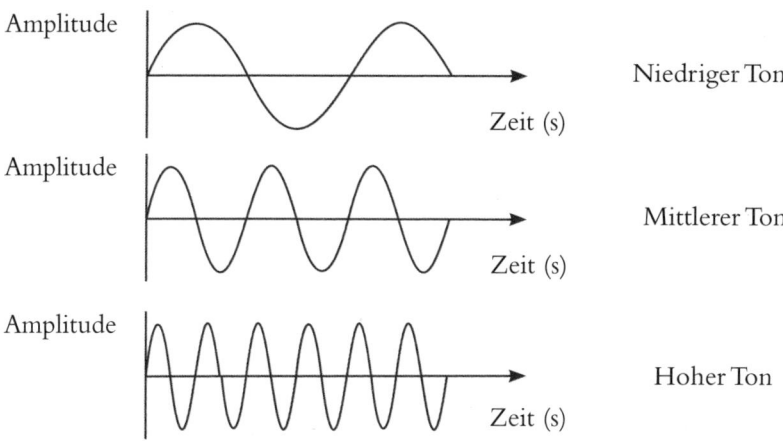

Die Tonhöhe des Klangs ist proportional zu seiner Frequenz.

Das vom menschlichen Ohr wahrnehmbare Frequenzspektrum variiert von Mensch zu Mensch und ist vom Alter abhängig. Ganz allgemein erstreckt es sich jedoch über elf Oktaven:

1. Oktave: 16–32 Hz
2. Oktave: 32–64 Hz
3. Oktave: 64–125 Hz
4. Oktave: 125–250 Hz
5. Oktave: 250–500 Hz
6. Oktave: 500–1000 Hz
7. Oktave: 1000–2000 Hz
8. Oktave: 2000–4000 Hz
9. Oktave: 4000–8000 Hz
10. Oktave: 8000–16000 Hz
11. Oktave: 16000–32000 Hz

Die „Intensität" (auch als „Tonstärke" bezeichnet), also die akustische Energie, die durch eine Wellenlänge pro Zeiteinheit entwickelt wird, ist von ihrer Amplitude abhängig. Je höher die Amplitude der Welle ist, desto höher ist die Lautstärke. Auch die Hörschwelle wird im Hinblick auf die akustische Intensität ausgedrückt (2 x 10-4 bar). Die maximale Toleranz (d. h. die Schmerzschwelle) liegt bei ca. 200 bar.

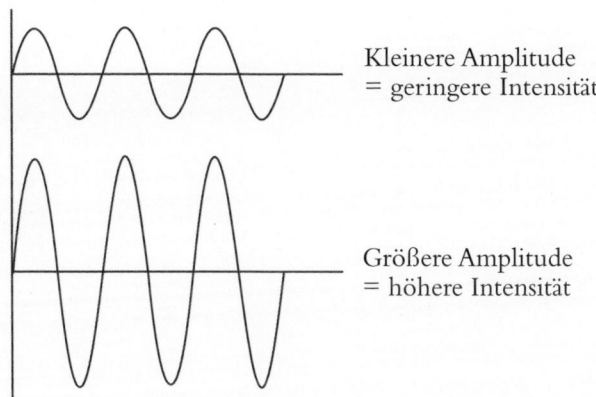

Kleinere Amplitude
= geringere Intensität

Größere Amplitude
= höhere Intensität

Die Intensität des Klangs ist proportional zu seiner Amplitude.

Die Maßeinheit für akustische Leistung ist Bel, in der Praxis wird jedoch Dezibel (dB) verwendet, ein Zehntel eines Bel. Bei ihrer Auslegung wurde die Tatsache berücksichtigt, dass die Empfindlichkeit des menschlichen Ohrs im Hinblick auf die Intensität annähernd logarithmisch ist. Die Intensitätsskala beginnt bei 0 dB, der Hörschwelle, und reicht bis 120 oder 140 dB, der Schmerzschwelle.

Die folgende Tabelle enthält ein paar Beispiele für lärmerzeugende Aktivitäten, mit einer annähernden Angabe ihrer Intensität.

Schallintensität	
120-140 dB	Schmerzgrenze
120 dB	Laufender Flugzeugmotor
100 dB	Spielendes Orchester
90 dB	Laute Straße, viel Verkehr
80 dB	Zug
70 dB	Blechblasorchester
50 dB	Streichorchester
40 dB	Unterhaltung
20 dB	Leseraum
10 dB	Entspanntes Atmen
0 dB	Hörschwelle

WELLEN IN 3D

Es gibt eindimensionale Wellen, die ihre Impulse in einer geraden Linie weitergeben. Zweidimensional sind die Wellen, die erzeugt werden, wenn ein Stein ins Wasser geworfen wird. Ihre Fortpflanzungsränder sind konzentrische Kreise, die sich um die Position zentrieren, die den Klang erzeugt. Schallwellen gehören zu einer dritten Gruppe, nämlich derjenigen der dreidimensionalen Wellen. In diesem Fall ist die Kante der Welle eine kugelförmige Fläche. Selbst wenn die Gleichung, die Wellen darstellt, eine Sinuskurve ist, tritt das Phänomen im dreidimensionalen Raum auf. Die Intensität des Klangs ist die Kraft, die pro Flächeneinheit ausgeübt wird. Da wir es mit einer Reihe konzentrischer Flächen zu tun haben, wird die Intensität nach der folgenden Formel gemessen:

$$I = \frac{P}{S}.$$

Dabei ist I die Intensität, P ist die Kraft und S ist die Oberfläche. $S = 4\pi r^2$, deshalb ist die Intensität umgekehrt proportional zum Quadrat der Distanz.

Die Klangfarbe eines Tons schließlich verleiht ihm seine „Persönlichkeit": Wir erkennen daran die Stimme eines bestimmten Menschen und unterscheiden die Töne unterschiedlicher Instrumente, auch wenn sie dieselbe Intensität und dieselbe Tonhöhe aufweisen. Aber welche physikalische Grundlage hat die Klangfarbe? Um diese Frage beantworten zu können, muss der Aufbau des Schalls genauer betrachtet werden.

Reine und reale Töne

Der Graph der Sinuswelle stellt die Oszillation eines reinen Tons dar. Reine Töne kommen in der Realität eher selten vor. Beispiele für reine Töne sind beispielsweise Töne, die durch eine Stimmgabel erzeugt werden, eine Pfeife, oder durch das Reiben des oberen Randes eines Weinglases mit einem befeuchteten Finger.

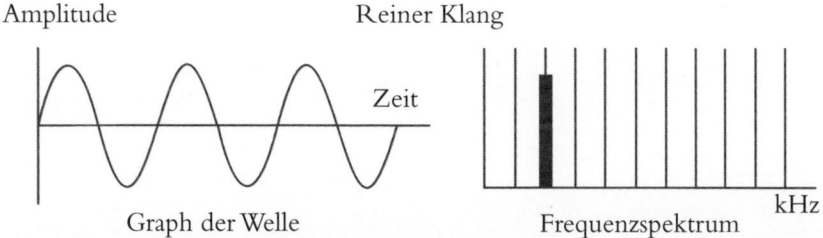

Wenn wir an einer Gitarrensaite zupfen, eine Glocke läuten oder in eine Flöte blasen, wird ein komplexer Ton erzeugt, der aus einer Hauptschwingung besteht, die von vielen anderen Wellen mit ähnlichen Intensitäten und höheren Frequenzen begleitet wird. Diese mitschwingenden Wellen werden auch als „Obertöne" bezeichnet. Alle unreinen Töne bestehen, kurz gesagt, aus einer Menge gleichzeitig ausgegebener Töne. Diese können in eine Folge von Sinuswellen zerlegt werden.

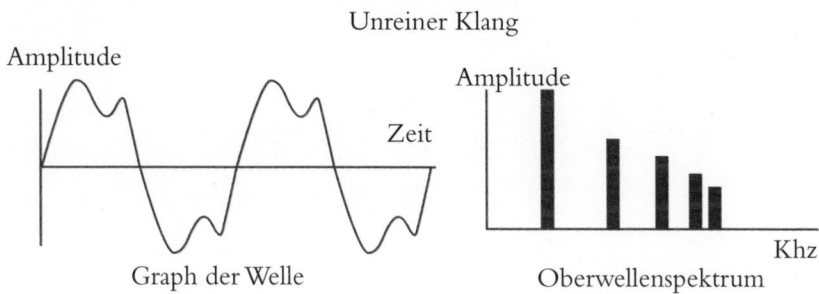

Im Fall des Schalls können der Audiobereich einer Welle für jede Oberschwingung und ein weiterer für den grundlegenden Ton unterschieden werden. Dieses offensichtliche Chaos folgt einem höchst geordneten System. Die Natur des verwendeten Materials, das umgebende Medium, seine Resonanz usw. wirken sich darauf aus, wie der grundlegende Ton die ihm zugeordneten Oberschwingungen erzeugt. Um sie auszuwerten, werden diese Oberschwingungen nummeriert und mit einem Namen versehen, in aufsteigender Reihenfolge nach ihren Frequenzen. Allgemein kann man sagen, je höher die Frequenz ist, desto geringer ist die Intensität. Die Intensität von Oberschwingungen wird jedoch auch von verschiedenen Faktoren verändert, wie beispielsweise der Geometrie des Schallkörpers und des Resonanzraums, ebenso wie von dem Material, aus dem der Schallkörper besteht. Diese verschiedenen Kombinationen erzeugen die unterschiedlichsten Klangfarben, die wiederum den Tönen ihre Persönlichkeit verleihen.

Der von einem Instrument ausgegebene Ton hat vier Eigenschaften, die mit der Entwicklung der Schallemission im Verlauf der Zeit verbunden sind:

- Anstieg – die Zeit, die zwischen dem Anspielen des Instruments und dem Erreichen der maximalen Amplitude des Tons vergeht.
- Abklingen – die Zeit, die zwischen dem Punkt der maximalen Amplitude des Tons und der Stabilisierung der Emission vergeht.
- Erhaltung – die Zeit, wie lange der Ton seine Amplitude beibehält, während die Emission fortgesetzt wird.
- Abfall – die Zeit, in der die Amplitude abnimmt, nachdem die Emission beendet wurde.

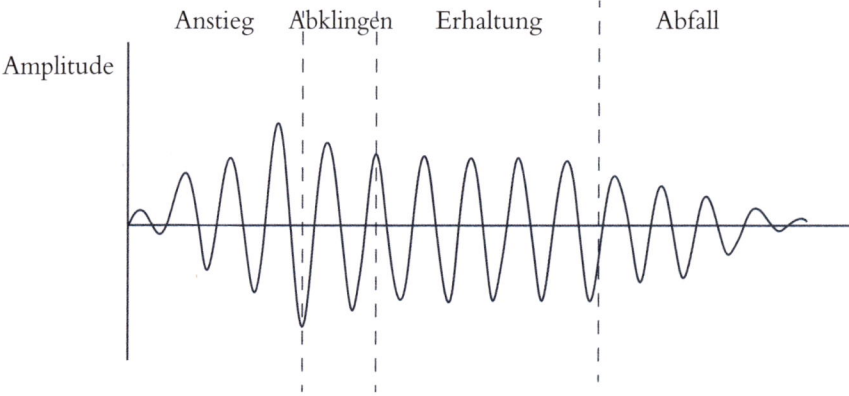

Phasen in der Emission eines Tons mit konstanter Frequenz.

Überlagerung von Wellen

Wenn wir die Welle eines realen Tons in einer Grafik betrachten, sehen wir eine Kurve, die die Überlagerung mehrerer verschiedener Wellen darstellt. Wir betrachten hier eine einfache Wellenüberlagerung. Angenommen, wir haben zwei Töne mit derselben Frequenz, aber mit unterschiedlicher Amplitude. Wenn ihre Phasen übereinstimmen, führt dies zu einer Verstärkung des Tons:

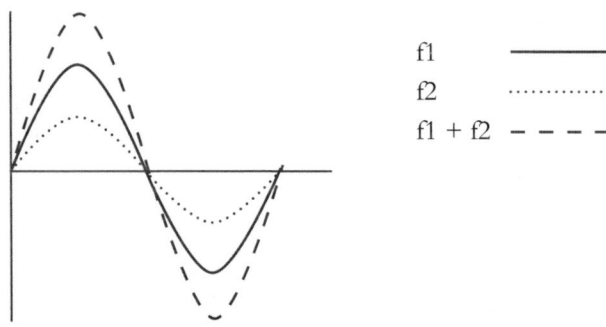

Andernfalls sind die Kurven phasenverschoben und der Ton wird gedämpft.

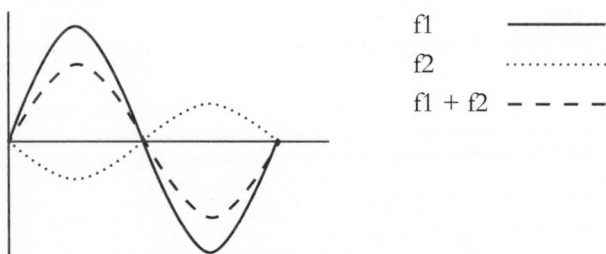

Wie drückt sich dies in der Praxis aus? Wir brauchen gar nicht so weit zu suchen. Wir finden die Antwort in den Konzertsälen: Die Lautstärke, die von einem großen Chor oder einem Streichorchester erzielt werden kann, ist sehr viel höher als die Lautstärke, die von einer Gruppe aus vier oder acht Sängern oder einem Streichquartett erzielt werden kann. Für komplexere Fälle, wie beispielsweise den realen Ton, den ein Musikinstrument erzeugt, erhalten wir einen nicht sinusförmigen Graphen aufgrund des gleichzeitigen Vorliegens von Teilwellen.

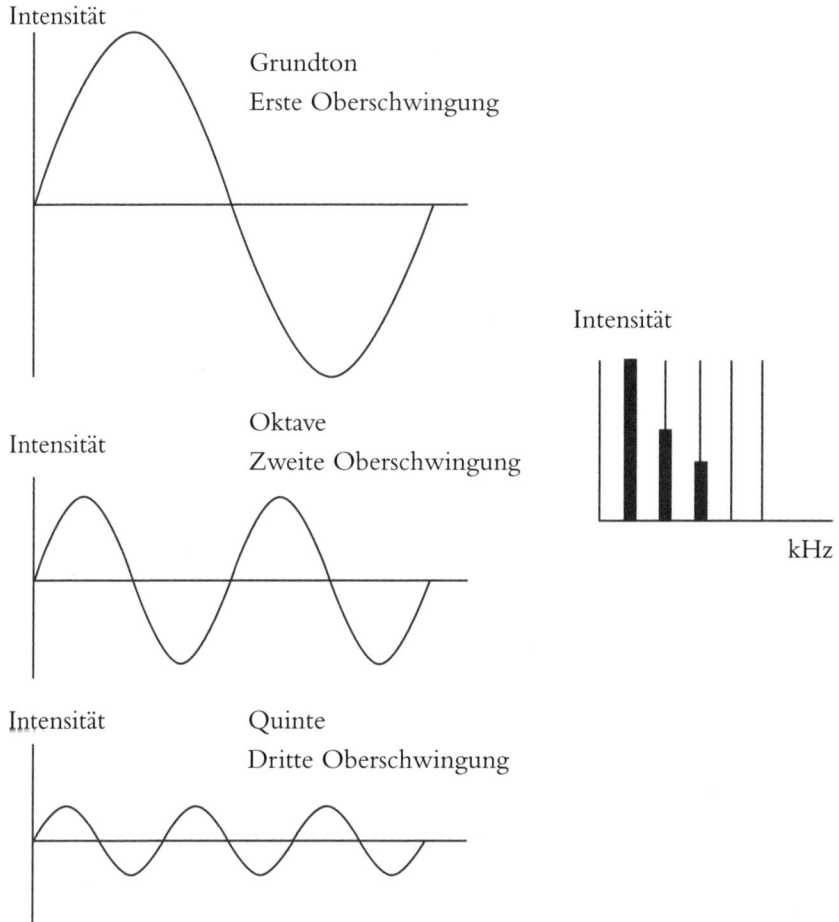

Die Oberschwingungsfunktion

Oberschwingungen, die eine Potenz von 2 sind (2, 4, 8 usw.), entsprechen den Oktaven des Grundtons. Ihr Vorhandensein in dem Bereich verstärkt die Intensität dieses Tons. Oberschwingungen, die Vielfache von 3 sind (3, 6, 12 usw.), entsprechen Quinten von den Oktaven. Ihr Vorhandensein erzeugt eine nasale Tonfarbe. Die Oberschwingungen 5, 10, 20 usw. entsprechen einer Terz vom Grundton und seinen Oktaven. Sie machen einen Ton warm. Die Oberschwingungen schließlich, die dissonanten Intervallen entsprechen, sorgen für die Rauigkeit.

Schallsynthese

Die ersten Versuche, elektrische Orgeln zu bauen, gab es bereits vor mehr als 100 Jahren. Die Pioniere in diesem Bereich waren der Amerikaner Thaddeus Cahill, der 1900 das *Telharmonium* erfand, der Russe Léon Theremin, der 1924 ein Instrument seines Namens erfand, und der Franzose Maurice Martenot, der 1928 die Martenot-Wellen entdeckte. Diese singulären Ereignisse kennzeichneten den Beginn einer neuen Technologierichtung, nämlich die der Entstehung von Instrumenten, die synthetisierte Töne wiedergaben. Während des vorherigen Jahrhunderts hatten technologische Fortschritte im Hinblick auf die Erzeugung von Tönen tieferes Wissen über deren Eigenschaften einerseits und zunehmend effizientere Fortschritte bei der Schallsynthese andererseits geschaffen.

Das erste maßgebliche Element, das für die Schallsynthese erforderlich ist, ist die „Generierung" von Tönen. Es gibt zwei hauptsächliche Methoden, dies zu bewerkstelligen. Die erste besteht in der Verwendung von Generatoren für alle zwölf Töne der höchsten Oktave. Die zweite besteht darin, nur den höchsten Ton der Oktave zu generieren, um die weiteren elf Halbtöne auf elektronischem Wege zu erzeugen. Nachdem die höchste Oktave vollständig ist, erhält man die Frequenzen der anderen Oktaven durch elektronische Frequenzteiler, die sukzessive die Oktave jedes Tons unter Verwendung des einfachen Quotienten 2:1 bestimmen.

Nachdem der Grundton erzeugt wurde, verändern wir die verschiedenen Parameter, um den gewünschten Ton zu erhalten. Dies ist einer der Schlüssel für Sound-Designer, weil gleichzeitig mit der Suche nach immer realer klingenden synthetischen Tönen parallel eine höchst enthusiastische Suche nach völlig neuen Tönen stattfindet.

Wenn der Ton im Hinblick auf seine Oberschwingungen schlecht ist, wird er mit Hilfe von Verstärkungen angereichert, die gleichmäßige Oberschwingungen erzeugen, während Filter bestimmte Frequenzen beschränken oder entfernen. Im Allgemeinen werden sie kombiniert eingesetzt, um die Klangfarbe zu steuern. Damit ist es möglich, den Ton einer Trompete, einer Geige oder eines beliebigen anderen Instruments zu erzeugen. Die gebräuchlichsten Filter sind:

- Tiefpassfilter, die hohe Frequenzen dämpfen.
- Hochpassfilter, die niedrige Frequenzen dämpfen.
- Bandpassfilter, die hohe und niedrige Frequenzen dämpfen, sodass nur die zentralen Frequenzen durchgelangen.
- Bandstoppfilter, die die zentralen Frequenzen dämpfen.

Digitales Audio

Alle Töne, die wir in unserem täglichen Leben hören, erreichen uns in Form physischer Wellen, die über die Luft, das Wasser oder ein anderes Medium übertragen werden. Seit der Erfindung des Phonographen durch T. A. Edison 1877 wurden verschiedene analoge Methoden für das Speichern und die Reproduktion von Tönen entwickelt. Bei analogen Audiosystemen müssen die Töne mit Hilfe eines Umformers (z. B. eines Mikrofons) in eine Folge elektrischer Impulse „übersetzt" werden. Diese Impulse werden dann aufgezeichnet und wiedergegeben und können mit Hilfe eines anderen Umformers (z. B. eines Lautsprechers) wieder in physische Wellen umgewandelt werden.

MARY HAD A LITTLE LAMB ODER AU CLAIRE DE LA LUNE?

Bis 2008 galt als älteste Aufzeichnung der menschlichen Stimme diejenige von Thomas Alva Edison, der am 21. November 1877 das Gedicht *Mary had a Little Lamb* rezitierte, um seinen zuvor erfundenen Phonographen zu testen. Ein paar Tage später gab es die erste öffentliche Demonstration seiner Erfindung, und ein Jahr später meldete er das Patent dafür an und stellte es der French Academy of Sciences vor. Die Erfindung war so erstaunlich, dass die Wissenschaftler, denen er sie vorführte, der Meinung waren, das Ganze sei Betrug und es gebe einen Bauchredner im Raum. Die vom Ton erzeugten Schwingungen wurden in eine dünne Folie eingraviert (wobei das Material später durch Wachs ersetzt wurde), die über die Oberfläche eines an einer Achse gedrehten Zylinders gespannt war. Die akustische Aufzeichnung in Form einer spiralförmigen Spur wurde dann später in Ton umgewandelt. In seinen ersten Jahren wurde der Phonograph als Diktafon für Unternehmen und Regierungsbehörden verwendet. Tatsächlich hatte Edison nie dran gedacht, dass der eigentliche Verwendungszweck seiner Erfindung sein würde, Musik aufzuzeichnen und wiederzugeben. Zu Beginn widersprach er diesem Verwendungszweck und wollte ihn sogar verbieten lassen. Der musikalische Zylinder verteilte sich jedoch auf der ganzen Welt, mit flachen Scheiben, die 1890 eingeführt wurden. 20 Jahre vor der ersten Aufzeichnung von Edison hatte jedoch der Franzose Édouard-Léon Scott den Phonautografen erfunden, mit dem es möglich war, erste Schwingungen aufzuzeichnen, die jedoch nicht wiedergegeben werden konnten. Im Jahr 2008 konnte eine Forschergruppe die Aufzeichnungen aus dem Jahr 1860 hörbar machen. Aus dem statischen Nebel ergaben sich gut erkennbar die Noten des französischen Lieds *Au Clair de la Lune*, der ältesten akustischen Aufzeichnung in der Geschichte.

Digitalisierung

Ton wird unter Verwendung eines PCM-Verfahrens (Pulse Code Modulation, ein Pulsmodulationsverfahren, das ein zeit- und wertkontinuierliches analoges Signal in ein zeit- und wertdiskretes digitales Signal umwandelt) mit Hilfe eines Analog-Digital-Wandlers (ADC) digitalisiert. Das analoge Signal der Schallwelle kann als numerisch beschriebene Kurve dargestellt werden. Das Verfahren für die Digitalisierung von Audio besteht also darin, die Kurve eigenständig zu machen. Man nimmt eine große Anzahl an Abtastwerten des Schalls in regelmäßigen Intervallen auf („Sampling"). Je höher die Anzahl der Abtastwerte ist, desto genauer entspricht die Reproduktion dem aufgezeichneten Original, und desto besser ist die Qualität des aufgezeichneten Tons. Ein äquivalentes Beispiel aus der grafischen Perspektive wäre, je mehr Punkte einer Kurve wir kennen, desto besser kann unsere Annäherung an die Kurve sein.

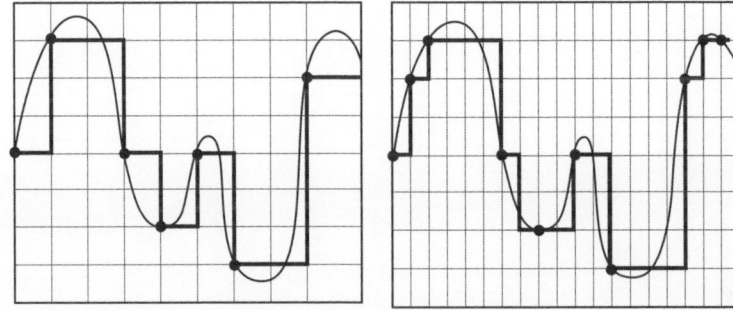

Je mehr Abtastungen (vertikale Linien) des Tons erstellt werden, desto besser ist die Annäherung durch die Rasterlinien, und der Graph entspricht besser der Originalkurve.

Die Nyquist-Shannon-Sampling-Theorie besagt, dass ein analoges Signal mit einer maximalen Frequenz M unter bestimmten Bedingungen rekonstruiert werden kann, wenn die Samplingrate höher als 2M Abtastwerte pro Sekunde ist. Unter der Berücksichtigung, dass die maximale Frequenz, die wir hören, 20.000 Hz beträgt (das ist der vom menschlichen Ohr vorgegebene Grenzwert), muss die Samplingrate für CD-Audio 44.100 Abtastwerte umfassen, etwas mehr als das Doppelte.

Und es gibt noch einen Faktor, der die originalgetreue Umwandlung beeinflusst: die Genauigkeit, mit der jeder Abtastwert ermittelt wird, die sogenannte *Bitauflösung*. Diese kann unterschiedliche Genauigkeitsgrade aufweisen: je mehr Bits dafür zur Verfügung stehen, desto besser kann der gemessene Raum unterteilt werden, und desto präziser ist jeder Abtastwert.

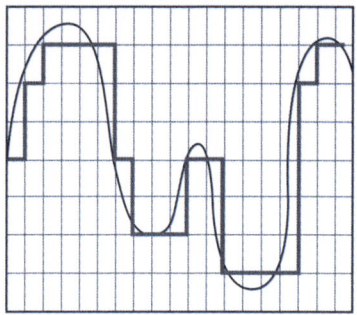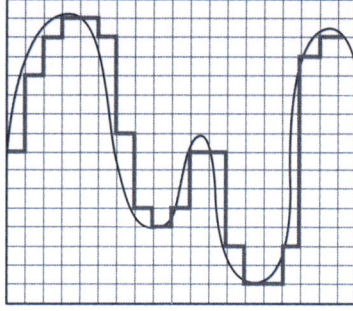

Auch hier gilt, je mehr Details (mehr horizontale Linien) in jeder Abtastung enthalten sind, desto besser entspricht die Originalkurve der Annäherung auf den Rasterlinien.

Zurück zum Analogen

Ein Digital–Analog-Wandler (DAC) ist dafür verantwortlich, digitales Audio in ein analoges Signal umzuwandeln. Dieses Verfahren ist die Umkehrung dessen, was bei der Digitalisierung passiert: Man versucht, für eine bestimmte Anzahl an Punkten auf einer Kurve diese zu rekonstruieren, indem eine „Interpolation" angewendet wird, ein mathematisches Verfahren, mit dem es möglich wird, von den vorhandenen Werten Zwischenwerte abzuleiten. Eine Methode für die in der Praxis verwendete Interpolation ist *zero-order hold*, wobei ein Abtastwert einfach für das gesamte Intervall beibehalten wird. Die andere Methode ist *first-order hold*, die mit einer linearen Annäherung der Kurve zwischen allen bekannten Wertepaaren arbeitet.

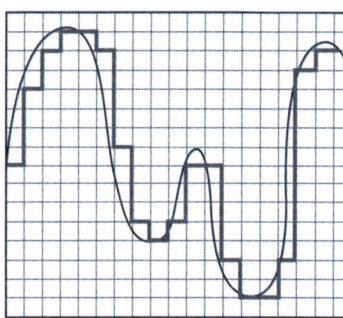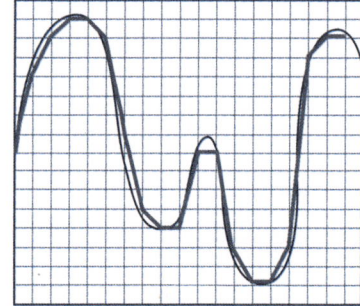

Links die Interpolation des Typs zero-order hold. *Die Werte jedes Intervalls zwischen zwei bekannten Werten werden als identisch mit denen auf der linken Seite angenommen. Die Linie bleibt horizontal. Rechts eine Interpolation des Typs* first-order hold. *Der Wert jedes Intervalls zwischen zwei bekannten Punkten wird durch den Anstieg bestimmt, der diese Punkte verbindet.*

BEETHOVEN, BAYREUTH UND DIE GEBURT DER CD

In den 1980er-Jahren war die CD-Technologie bereits ausreichend entwickelt, um wirtschaftlich realisierbar zu sein. Zu diesem Zeitpunkt waren die niederländische Firma Philips und die japanische Firma Sony führend auf dem Audio- und Elektronikmarkt. Sony stellte eine Prototyp-Scheibe vor, mit einem Durchmesser von 120 mm und einer Aufnahmekapazität von 74 Minuten. Philips seinerseits entwickelte einen Prototyp mit 115 mm Durchmesser, auf dem 60 Minuten Musik aufgenommen werden konnten. Sieger war der Prototyp von Sony, der schließlich zum Standard wurde und die Technologie für über 30 Jahre beherrschte. Ein eigenartiger Aspekt der

Eine Briefmarke anlässlich des Todes von Wilhelm Furtwängler, der 1954 starb.

CD war, dass sie eine Kapazität von 74 Minuten aufwies. Warum dieser scheinbar zufällige Wert? Zu diesem Zeitpunkt argumentierte Sony, dass man den Prototyp so ausgelegt hatte, dass einige große Werke der Musik auf einer CD untergebracht werden konnten, wie beispielsweise Beethovens *Neunte Symphonie*. Es gibt einen festen Konsens zwischen den Musikliebhabern, dass die Referenzaufnahme für diese monumentale Arbeit diejenige von 1951 unter der Leitung des deutschen Dirigenten Wilhelm Furtwängler bei der Wiedereröffnung der Bayreuther Festspiele nach dem Zweiten Weltkrieg ist. Diese Festspiele in Bayreuth sind seit 1876 die Heimat jährlicher Aufführungen der Opern von Richard Wagner. Aufgrund der Sympathien seiner Nachkommen für die Nationalsozialisten wurde Wagner in den Jahren vor dem Konflikt zu einem Symbol für einen aggressiven und kriegerischen Pan-Germanismus. Die Wiedereröffnung wurde als Wendepunkt für eine zerstörte und schuldbeladene Nation betrachtet. Durch die *Neunte Symphonie*, ein umfangreiches und universelles Werk, gekrönt durch die *Ode an die Freude*, nahmen die Festspiele ihren Platz im Verständnis der zivilisierten Nationen wieder ein. Damit war dieser Moment von historischer Bedeutung, und Furtwängler und seine Musiker nutzten die Gelegenheit mit einer Leistung solcher Intensität und emotionaler Stärke, dass das Publikum, nachdem die Musik geendet hatte, völlig mitgenommen war und mehrere Sekunden in Stille verharrte, bevor ein tosender Applaus losbrach, der fast eine Stunde dauerte. Natürlich konnte die für die Aufnahme verwendete Tontechnik diesen letzten Teil nicht mehr aufnehmen, und die *Neunte* von Furtwängler wurde in 74 Minuten unsterblich gemacht.

Komprimierung

„RAW"-Audio

Eine Schallwelle wird grafisch auf einer Zeitachse dargestellt. Um diese Schallwelle auf Papier darzustellen, benötigen wir ein Blatt, dessen Breite proportional zur Dauer des betreffenden Tons ist.

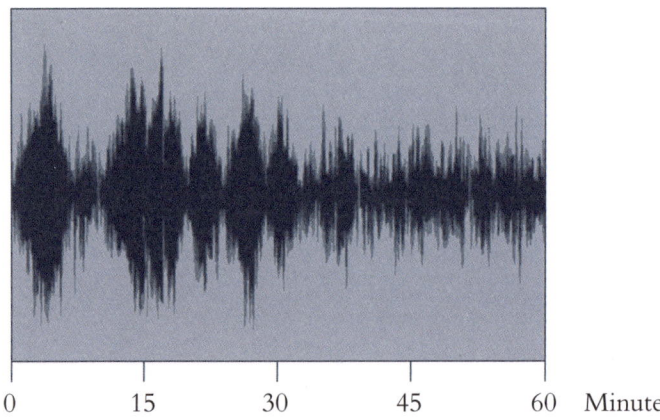

Anders ausgedrückt: Der Schall weist eine stetige Rate an Informationen auf. Analoge Schallsysteme arbeiten mit einer konstanten Rate an Informationen. Man muss also sicherstellen, dass die Geschwindigkeit eines Drehtellers oder einer Bandrolle während der Aufzeichnung und der Wiedergabe konstant bleibt. Die Audio-Digitalisierung erfolgt ebenfalls mit einer konstanten Rate, womit eine „RAW"-Audiodatei („Roh"-Audiodatei) erzeugt wird. Die „RAW"-Audiodatei in CD-Qualität enthält eine große Menge an Informationen, d. h. es ist sehr viel Speicherplatz dafür erforderlich, ebenso wie eine hohe Bandbreite für die Übertragung. Daher ist es wünschenswert, dass solche Dateien komprimiert werden.

Datenkompression

Die Datenkompression ist ein Prozess, mit dem es möglich ist, die für die Codierung digitaler Informationen benötigte Anzahl an Bits zu reduzieren. Digitales Audio wird unter Verwendung von Formaten wie MP3, FLAC oder Vorbis komprimiert. Dadurch sollen sowohl kleinere Dateien als auch eine höhere Übertragungsgeschwindigkeit ermöglicht werden. In beiden Fällen muss das Audio dekompri- miert werden, bevor es wiedergegeben wird.

Die Komprimierung kann unter Verwendung verschiedener Codierungsalgo- rithmen erfolgen. Es gibt zwei grundlegende Typen: Eine Komprimierung, bei der Informationen verloren gehen, und eine Komprimierung, bei der keine Informati- onen verloren gehen. Die Komprimierung mit Informationsverlust führt zu einer unwiderruflichen Verschlechterung der Tonqualität, während bei der verlustfreien Komprimierung die Tonqualität nicht verschlechtert wird, d. h. das Audio kann in seinen Originalzustand zurückversetzt werden. Die gebräuchlichsten Kompri- mierungsmethoden (wie z. B. ZIP, RAR, ARJ) verwenden Algorithmen, die die Qualität der Dateien nicht verschlechtern. Würden sie das machen, würde kompri- mierter Text im Verlauf der Komprimierung und Dekomprimierung Buchstaben oder ganze Wörter verlieren.

Auch die Verarbeitungsgeschwindigkeit eines Algorithmus muss berücksichtigt werden. Ein komplexerer Algorithmus würde vielleicht eine bessere Komprimie- rung erzeugen, aber wenn Komprimierung und Dekomprimierung zu lange dau- ern, sind sie für ein Echtzeit-Streaming eher ungeeignet.

Welches ist das beste Format? Wie stark sollten wir komprimieren? Die Ent- scheidung ist davon abhängig, wie viel von der Originalqualität beibehalten, und wie weit der Speicherbedarf und die Übertragungszeit verringert werden sollen. Für eine professionelle Anwendung ist es sinnvoll, die Qualität beizubehalten. Für andere Verwendungszwecke, wie beispielsweise tägliches Radiohören, Streaming oder Telefonieren, sind komprimierte Dateien zu bevorzugen.

Komprimierungsmethoden

Eine der wichtigsten Methoden für die Komprimierung verwendet eine Identi- fizierung von Mustern und Wiederholungen. Wie können die folgenden binären Sequenzen komprimiert werden?

a) 1111111111111111111111111111111…
b) 1011011101111011110111111011111…
c) 11010110001011010000101001110010…

Stellen wir uns die Anweisungen vor, die einer anderen Person gegeben werden müssen, damit diese die Sequenzen reproduzieren kann.

Die erste Sequenz (a) kann ganz einfach übertragen werden, weil die Anweisung lautet „Gib immer eine 1 aus".

Die zweite Sequenz (b) ist etwas schwieriger: „Gib immer jeweils eine 1 mehr aus und trenne die Gruppen jeweils durch eine 0".

Die letzte Sequenz (c) ist die schwierigste. Sie ist so unregelmäßig, dass wenig Raum für Anweisungen bleibt, deren Übertragung kürzer wäre als die Übertragung der einzelnen Ziffern.

Die Mustererkennung ist extrem wichtig für die Komprimierung von Texten und Bildern. Die in einer Audiodatei enthaltenen Informationen sind jedoch relativ chaotisch, d. h. diese Methoden führen zu keinen deutlichen Verbesserungen bei der Komprimierung.

Aus diesem Grund verwendet die Audio-Kompression andere Strategien, wie beispielsweise psychoakustische Methoden. Eine solche Strategie besteht in der Identifizierung und Eliminierung von „wahrnehmungstechnisch irrelevanten" Informationen (ein Begriff, über den man nachdenken sollte), d. h. Töne, die vom Hörer nicht unbedingt gehört werden müssen, oder die schwierig zu hören sind.

Eine weitere Strategie ist die „Rauschformung", die versucht, Rauschen in Frequenzbereiche zu verschieben, wo sie für den Hörer weniger deutlich hörbar sind und der auf diese Weise einen (wahrnehmungstechnisch) reineren Ton hört. Und natürlich ist es immer möglich, die Abtastwerte und die Bitraten zu reduzieren.

MIDI

MIDI (Musical Instrument Digital Interface) ist ein Anweisungsprotokoll, das 1982 entwickelt wurde, um zu ermöglichen, dass bestimmte Geräte, wie beispielsweise Computer und elektronische Keyboards, miteinander kommunizieren und sich synchronisieren können.

MIDI-Anweisungen können in Dateien gespeichert werden, die jederzeit ausgeführt werden können, und die sehr viel kleiner als Audiodateien sind, zumal sie nur Anweisungen enthalten. Eine MIDI-Datei verhält sich wie eine digitale Tonleiter. Sie besteht aus einer Abfolge an Ereignissen und Anweisungen, die die Ausgabe veranlassen. Diese Ereignisse können zahlreiche Tonvariablen steuern, wie beispielsweise Höhe, Schwingung und Stereodarstellung.

Typische Anweisungen für eine Datei könnten beispielsweise sein: Spiele einen Klavierton C mit einer bestimmten Lautstärke; stoppe diesen Ton an Punkt 1 und spiele einen Ton D mit der halben Intensität von C usw. Aufgrund dieser Ein-

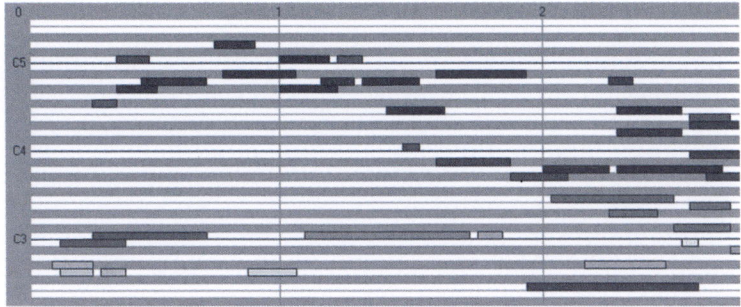

Ein Beispiel für „digitale Noten". Im Raster wird die Zeit entlang der horizontalen Achse dargestellt. Jedes Rechteck zeigt einen Zeitabschnitt, wobei jeder Balken die Vielfachen eines Zwischenraums oder einer Linie aus der konventionellen Notenschrift darstellt.

DIE MIDI-GERÄTE DER VERGANGENHEIT

Es gab mehrere Versuche, Instrumente zu mechanisieren. Beispielsweise wurden Streichinstrumente mit Hebeln ausgestattet, während Blasinstrumente mit Ventilen und mehreren Röhren ausgestattet wurden. Diese Geräte ebneten den Weg für andere Musikmaschinen. Eines der vielen Automatisierungssysteme, die untersucht wurden, waren die Papierrollen für Pianolas und Leierkästen, die erste Möglichkeiten darstellten, Informationen über Tonfolgen zu speichern. Das System verwendet Papierrollen mit Längsperforationen und Schnitten, sodass die Rolle ein Notenblatt für das Musikstück darstellt. Die Zeit, die zwischen zwei aufeinanderfolgenden Tönen vergeht, wird durch

Piano mécanique.

die Verteilung der Löcher entlang des Papierstreifens festgelegt, während die zu spielende Note durch die Position des Lochs relativ zu einer Linie senkrecht zur Bewegung vorgegeben wird. Wenn ein Loch vorhanden ist, wird ein Ton gespielt (sagen wir „Eins"). Ist kein Loch vorhanden, wird kein Ton gespielt (eine „Null"). Die Rolle ist ein Binärcode und stellt die erste Möglichkeit für die automatisierte Reproduktion eines Musikstücks dar.

fachheit sind MIDI-Dateien ein sehr flexibles Werkzeug für die Komposition. Ein Klavierspieler setzt sich an ein MIDI-Keyboard, und alle seine Aktionen werden in einer Datei aufgezeichnet, die auch ganz einfach verändert oder angepasst werden kann, um beliebige Anforderungen zu erfüllen.

Das Orchester

Um eine MIDI-Partitur zu spielen, ist ein Orchester erforderlich. Oder zumindest ein System, das die in der Datei gespeicherten Anweisungen entgegennimmt und eine Tondatenbank besitzt, die die verlangten Töne enthält (oder weiß, wie die benötigten Töne basierend auf den vorhandenen Tönen generiert werden können).

Eine offensichtliche Quelle für die Reproduktion dieser Töne sind reale Instrumente. Die Tondatenbank, die einem Klavier entspricht, kann alle mit diesem Instrument spielbaren Töne in einer Audiodatei enthalten. Dasselbe gilt für alle anderen Instrumente oder Töne, die wir speichern wollen, und die zur Verwendung bereitstehen sollen. Ebenso ist es sehr gebräuchlich, mehrere Versionen jeder Note mit unterschiedlichen Intensitäten, mit unterschiedlichen Spielweisen, mit und ohne Pedal usw. aufzunehmen.

Eine weitere Tonquelle ist die „Synthese", also künstliche Töne, die von Grund auf neu erstellt werden, oder durch die Transformation anderer Töne. Im Allgemeinen verwenden MIDI-Synthesizer ein Stimmungssystem mit derselben Temperierung (wie im ersten Kapitel erklärt), aber sie sind so flexibel, dass sie auf jede erforderliche Weise umgestimmt werden können.

Quantisierung

Jede Darbietung auf einem MIDI-Keyboard, das in Echtzeit aufgezeichnet wird, erzeugt eine digitale Partitur, an der alle möglichen Korrekturen, Anpassungen und Verbesserungen vorgenommen werden können. Häufig wird eine „Quantisierung" auf diese Aufzeichnung angewendet, wobei die Töne in ein Notenraster eingefügt werden und eine präzise Unterteilung der Noten stattfindet. Dieser Prozess entspricht weitgehend der Quantisierung elektrischer Impulse bei der Audio-Digitalisierung: Jede Anweisung wird an dem „logischsten" Punkt angeordnet, an dem der Musiker sie am wahrscheinlichsten spielen wollte. Diese automatischen Korrekturen basieren jedoch auf Kriterien, die den natürlichen Klang der Originalmusik ganz leicht verändern können.

Kapitel 5

Mathematik für die Komposition

Der Künstler muss sein Leben genau einteilen. Hier der präzise Stundenplan meiner alltäglichen Unternehmungen: Aufstehen: 7.18 Uhr, Inspiration: von 10.23 Uhr bis 11.47 Uhr. Ich esse um 12.11 Uhr zu Mittag und verlasse die Tafel um 12.14 Uhr. Erholsamer Ausritt weit in meinen Park hinein: 13.19 Uhr bis 14.53 Uhr. Weitere Inspiration: von 15.12 Uhr bis 16.07 Uhr. Diverse Beschäftigungen (Fechten, Nachsinnen, Bewegungslosigkeit, Besuche, Betrachtungen, Geschicklichkeitsübungen, Schwimmen etc.): von 16.21 Uhr bis 18.47 Uhr. Das Abendessen wird um 19.16 Uhr serviert und ist um 19.20 Uhr beendet. Es folgt die laute Lektüre symphonischer Partituren: von 20.09 Uhr bis 21.59 Uhr. Regelmäßiges Zubettgehen um 22.37 Uhr. Einmal wöchentlich fahre ich um 03.19 Uhr aus dem Schlaf (dienstags).

Erik Satie

Bisher haben wir gesehen, wie es mit Hilfe der Mathematik möglich ist, verschiedene Eigenschaften der Musik zu beschreiben und auszudrücken. In diesem Kapitel ändert sich der Blickwinkel. Jetzt übernimmt die Mathematik das Ruder, und wir erkunden die Grenzen der Tonalität der Avantgarde-Musik, die Anfang des letzten Jahrhunderts entstanden ist.

Uneingeschränktes Gleichgewicht: Zwölftonmusik

Anfang des 20. Jahrhunderts geriet die tonale Musik in eine Krise. Bei der Suche nach den Grenzen des Ausdrucks haben Komponisten wie Liszt, Wagner und Strauß die harmonischen Grundlagen der Chromatik und die harmonische Ambivalenz bis an einen Punkt geführt, an dem die Tonalität schließlich verlorenging. Diesem Prozess entsprang die „atonale" Musik, also Musik, bei der es keinen zentralen Ton mehr gibt. Arnold Schönberg (1874-1951) experimentierte Anfang der 1920er-Jahre mit solcher „Zwölftontechnik" und zog die Aufmerksamkeit anderer Komponisten auf sich, wie beispielsweise Alban Berg und Anton von Webern, die zur sogenannten Zweiten Wiener Schule gehörten.

Was ist die Zwölftontechnik?

Der Begriff „Zwölftontechnik", auch als „Dodekaphonie" bezeichnet, bezieht sich auf die verschiedenen Töne im westlichen Musiksystem (*dodeka* ist Griechisch für „zwölf"). Die Töne entsprechen den sieben weißen und fünf schwarzen Tasten auf dem Klavier. Die Verwendung von zwölf Tönen bedingt, dass zwei wichtige Aspekte berücksichtigt werden:

- Die Zwölftontechnik vereinigt letztlich Töne, die zuvor als separate Identitäten betrachtet wurden, wie beispielsweise F♯ und ♭G, und sie verwendet sie ganz nach Bedarf, wobei sie jedoch stets als gleiche Töne behandelt werden.
- Der Verweis auf einen der zwölf Töne beinhaltet alle Töne dieser Kategorie. Ein *C* verweist also nicht auf ein bestimmtes *C*, sondern auf alle *C* aller Oktaven. Ein *C* ist der Vertreter aller Noten seiner Klasse. Aus diesem Grund haben wir nur „zwölf" Töne.

Die Zwölftontechnik folgt der Vorstellung einer atonalen Musik und distanziert sich von der starken hierarchischen Orientierung an einer einzigen Note (der Tonika), die vor allen anderen steht. Diese Technik entwickelte eine Methode, die Überlegenheit einer Note gegenüber den anderen Noten zu vermeiden. Dazu wird jeder Note derselbe relative Wert zugeordnet, und die Musik wird so arrangiert, dass in einer Komposition alle Noten ungefähr gleich oft vorkommen.

NEIN ZUR DREIZEHNTONMUSIK

Die Tatsache, dass Schönberg, Vater des Zwölfton-Kompositionssystems, unter Triskaidekaphobie litt, der übermäßigen Angst vor der Zahl 13, scheint dem Leser vielleicht seltsam. Der Ursprung dieser Phobie ist unbekannt, aber wir wissen, dass es sie bereits seit sehr langer Zeit gibt, und dass sie sich auf die Wikinger ebenso wie auf die Christen ausgewirkt hat, wobei die letzteren sie Judas zugeordnet haben, der am Tisch des letzten Abendmahls den dreizehnten Platz einnahm. Im alten Persien ist die Zahl dem Chaos zugeordnet. Die Angst vor der Zahl 13 hat zu den unglaublichsten Dingen geführt. Viele Städte, deren Straßen durchnummeriert sind, haben keine 13. Straße, und viele Gebäude werden ohne 13. Stockwerk gebaut. In der Formel 1 startet kein Fahrzeug unter dieser Nummer. Der amerikanische Schauspieler Stan Laurel, vom berühmten Duo „Dick und Doof", hieß ursprünglich Stan Jefferson (13 Buchstaben), und er änderte seinen Nachnamen

Reihen

Um dieses Ziel zu erreichen, legt die Methode verschiedene Regeln für die Komposition fest. Um beispielsweise zu vermeiden, dass sich der Hörer auf bestimmte Noten konzentriert und dabei andere vernachlässigt, müssen die Kompositionen Zyklen unter Verwendung der zwölf verfügbaren Noten vervollständigen. Wenn eine Note verwendet wurde, darf sie nur dann erneut verwendet werden, nachdem der Zyklus der zwölf Noten vervollständigt wurde.

Die Noten der Zyklen wurden nicht auf zufällige Weise dargestellt, sondern jede Komposition wurde basierend auf einer „Folge" strukturiert, also einer präzisen Anordnung der zwölf verfügbaren Noten.

Die Reihe ist jedoch nicht nur eine Anordnung, die einem statistischen Zweck dient, sondern erhält auch eine auf einem Motiv basierende traditionelle Behandlung. In dieser Hinsicht betrachtet sich die Zwölftonmusik als Erbe der westlichen musikalischen Tradition. Die folgende Reihe erscheint in der *Suite op. 25* von Schönberg, einem der ersten Werke, das die Zwölftontechnik anwendet.

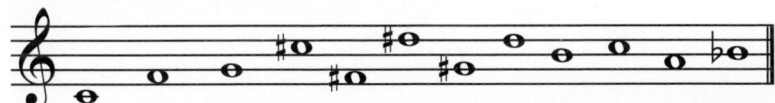

Der Komponist hat die Reihe zusammen mit anderen verbundenen oder abgeleiteten Reihen entwickelt. Um diese zu erhalten, verwendet die Zwölf-

wegen dieser Angst. Und auch einige Musiker haben eine Abneigung gegenüber dieser Zahl. In seiner Aufzeichnung *Room for Squares* zeichnete der Amerikaner John Mayer 14 Spuren auf und ließ dabei 2 Sekunden Stille für die 13, d. h. diese Spur wird in der Nummerierung ausgelassen. Arnold Schönberg wurde am 13. September 1874 geboren. Er änderte den Namen seiner Oper *Moses und Aaron* in *Moses und Aron*, um zu vermeiden, dass der Titel 13 Buchstaben aufweist. Er hatte Angst davor, in einem Jahr zu sterben, das ein Vielfaches von 13 war, und 1950, als er 76 Jahre alt wurde (7 + 6 = 13), verfiel er der Depression. Er starb am 13. Juli 1951.

Alban Berg seinerseits war besessen von der Zahl 23, die er als „fatal" betrachtete. Diese Zahl hatte jedoch eine starke Präsenz in seiner *Lyrischen Suite*; die Anzahl vieler Takte in vielen ihrer Teile sind ein Vielfaches von 23, ebenso wie die Metronomvorgaben.

tontechnik kompositionelle Transformationen, die wir in Kapitel 3 beschrieben haben – Umkehrung, Krebs und Transposition.

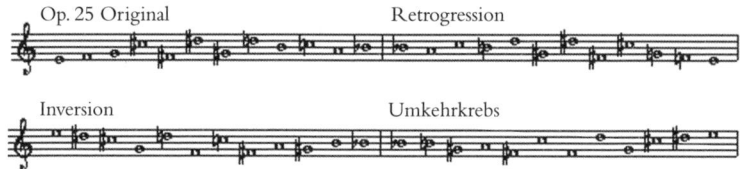

Es gibt eine vierte Transformation, die einige Komponisten in ihre Palette aufgenommen haben: die Drehung. Wenn wir die Reihe in einem Kreis anordnen (und die letzte Note mit der ersten verbinden), entsteht eine Drehung, wenn die Reihe an einem ihrer Punkte begonnen wird.

Die Zwölftonnotation ist nicht so streng, wie die Verwendung von Reihen vermuten ließe. Sie bilden das Rückgrat der Zwölftonmusik, aber jeder Komponist hat sie an seine eigenen Anforderungen angepasst. Basierend auf der Reihe kann ein Komponist verschiedene Praktiken anwenden. Beispielsweise könnte er die Noten der Reihen in unterschiedlichen Oktaven und unter Verwendung unterschiedlicher Instrumente schreiben. Er könnte mit der Reihe oder ihrer Transformation beginnen, bevor die vorherige Instanz abgeschlossen ist. Und er könnte Passagen frei geschriebener Musik aufnehmen oder mit abgeleiteten Reihen aus Fragmenten der Generatorreihen arbeiten usw.

WIE VIELE VERSCHIEDENEN REIHEN GIBT ES?

Die erste Note einer Reihe kann eine der zwölf verfügbaren Noten sein. Nachdem die erste Note gewählt wurde, kann die zweite aus den elf verbleibenden Noten gewählt werden, womit sich ein Teilergebnis von 12 x 11 Reihen ergibt. Nachdem die ersten beiden Noten gewählt wurden, kann die dritte aus den verbleibenden zehn Noten gewählt werden, womit wir ein Teilergebnis aus 12 x 11 x 10 Reihen erhalten. Setzt man dieses Muster fort, ergeben die Zahlen 12 x 11 x 10 x 9 ... x 3 x 2 x 1 = 479.001.600 verschiedene Reihen. Diese Zahl wird als „12 Fakultät" bezeichnet und als „12!" geschrieben. Die Fakultät von n ist definiert als das Produkt aller positiven ganzen Zahlen von 1 bis n. $n!$ ist also $n! = n(n–1) \times 2 \times 1$. Im Fall der Zwölftonreihe wird jedoch etwas komplizierter gezählt, weil wir die Anzahl der Reihen feststellen wollen, die sich „maßgeblich" unterscheiden. Damit müssen wir alle Transpositionen, Umkehrungen, Krebse und Kombinationen dieser Operationen abziehen. Eine sorgfältige Zählung ergibt die mögliche Anzahl von 9.985.920 Reihen.

Numerische und Matrixdarstellung

Die traditionellen auf Notenlinien basierenden Tonleitern folgen der Logik der diatonischen Musik. Eine Konsequenz daraus ist, dass der Abstand zwischen benachbarten Linien und Abständen nicht immer dieselbe musikalische Distanz darstellt. Manchmal stellt er zwei Halbtöne dar (von *D* nach *E*), manchmal nur einen (von *E* nach *F*). Das bedeutet, die Zwölftonmusik muss unter Verwendung verschiedener Abänderungen geschrieben werden. Aus diesem Grund sind, wie in den vorigen Beispielen deutlich wurde, die Umkehrungen und Krebse der Zwölftonreihe auf den Notenlinien nicht vollständig „sichtbar", auch wenn die Musik weiterhin in dieser Form geschrieben wird.

Eine Reihe kann auch numerisch dargestellt werden, indem die Anfangsnote als Referenzpunkt verwendet wird. Im folgenden Beispiel ist diese Referenznote *E*, der der Wert 0 zugewiesen wird. Die anderen Tonhöhen werden sukzessive in Halbtönen nummeriert: *F* ist 1, *F♯* ist 2, *G* ist 3 usw. Jeder Note aus der Reihe wird eine Nummer zugeordnet, die die Klasse angibt, zu der sie gehört.

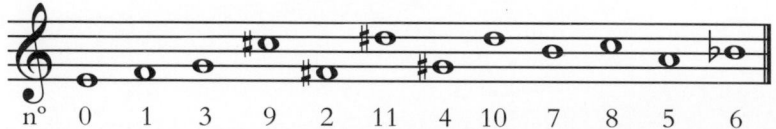

$$n° \quad 0 \quad 1 \quad 3 \quad 9 \quad 2 \quad 11 \quad 4 \quad 10 \quad 7 \quad 8 \quad 5 \quad 6$$

Durch die numerische Darstellung von Notenreihen ist es möglich, die Arithmetik einzusetzen, um weitere damit verknüpfte Reihen zu berechnen. Beispielsweise erhält man die Transposition einer Reihe, indem man jedem ihrer Elemente denselben Wert *k* hinzuaddiert:

$$T_k \, (s_1, s_2, \ldots, s_{12}) \rightarrow (s_1+k, s_2+k, \ldots, s_{12} + k)$$
$$T_0 \, (0, 1, 3, 9, 2, 11, 4, 10, 7, 8, 5, 6) \rightarrow (0, 1, 3, 9, 2, 11, 4, 10, 7, 8, 5, 6)$$
$$T_1 \, (0, 1, 3, 9, 2, 11, 4, 10, 7, 8, 5, 6) \rightarrow (1, 2, 4, 10, 3, 0, 5, 11, 8, 9, 6, 7)$$
$$T_2 \, (0, 1, 3, 9, 2, 11, 4, 10, 7, 8, 5, 6) \rightarrow (2, 3, 5, 11, 4, 1, 6, 0, 9, 10, 7, 8)$$
$$\vdots$$
$$T_7 \, (0, 1, 3, 9, 2, 11, 4, 10, 7, 8, 5, 6) \rightarrow (7, 8, 10, 4, 9, 6, 11, 5, 2, 3, 0, 1)$$
$$\vdots$$
$$T_{11} \, (0, 1, 3, 9, 2, 11, 4, 10, 7, 8, 5, 6) \rightarrow (11, 0, 2, 8, 1, 10, 3, 9, 6, 7, 4, 5).$$

Nach 11 beginnen wir wieder bei 0 mit der Zählung, genau wie bei den Stunden eines Tages: 7 Stunden nach 8 Uhr morgens ergibt 15 Uhr nachmittags. Mathematisch werden solche Operationen mit reduzierten Zahlenmengen als „modulare Arithmetik" bezeichnet. Bei Zwölftonreihen besteht die Menge aus den Zahlen zwischen 0 und 11, womit wir insgesamt 12 erhalten. Die Anzahl der Elemente in der Menge wird als das Modulo bezeichnet (in diesem Fall 12). Bei der Modulo-12-Arithmetik entspricht also die Zahl 13 der 1, was wie folgt dargestellt wird:

$$13 \equiv 1 \ (\text{mod } 12).$$

Alle Zahlen der Form $12k + 1$ sind ebenfalls gleich 1, wenn k eine ganze Zahl ist:

$$25 \equiv 1 \ (\text{mod } 12).$$
$$37 \equiv 1 \ (\text{mod } 12).$$
$$49 \equiv 1 \ (\text{mod } 12).$$
$$61 \equiv 1 \ (\text{mod } 12).$$
$$\vdots$$

Wie wir bereits gesehen haben, unterscheidet die Zwölftontechnik nicht zwischen gleichen Noten in unterschiedlichen Oktaven. Dies reflektiert auch die Modulo-12-Arithmetik, wobei die Nummer 1, in unserem Beispiel *F*, äquivalent zu 13 ist, ebenfalls einem *F*.

Gerüstet mit den Werkzeugen der modularen Arithmetik wird klar, dass die Umkehrung einer Reihe dasselbe ist, wie jedem numerischen Wert von 0 bis 11 (d. h. jeder der verschiedenen Noten) die Differenz zwischen dieser Nummer und 12 zuzuweisen. Der Wert 1 in der Reihe wird also zu 11, 2 wird zu 10, 3 wird zu 9 usw. Für die Reihe in unserem Beispiel erhalten wir:

$I \ (s_1, s_2, \ldots, s_{12}) \rightarrow (s_1, 12\text{-}s_2, \ldots, 12\text{-}s_{12})$
$I \ (0, 1, 3, 9, 2, 11, 4, 10, 7, 8, 5, 6) \rightarrow (0, 11, 9, 3, 10, 1, 8, 2, 5, 4, 7, 6).$

Den Krebs erhält man, indem die numerische Reihe „umgedreht" wird, also von links nach rechts gelesen:

$R \ (s_1, s_2, \ldots, s_{12}) \rightarrow (s_{12}, s_{11}, \ldots, s_1)$
$R \ (0, 1, 3, 9, 2, 11, 4, 10, 7, 8, 5, 6) \rightarrow (6, 5, 8, 7, 10, 4, 11, 2, 9, 3, 1, 0).$

Die Originalreihe gibt dem Komponisten in Kombination mit der Umkehrung, dem Krebs, der Krebsumkehrung und den 12 möglichen Transpositionen dieser Formen eine Palette von 4 x 12 = 48 Permutationen für seine Arbeit an die Hand. (Wenn wir auch noch die Drehungen berücksichtigen, steigt die Anzahl der Permutationen auf 48 x 12 = 576.) Diese 48 Formen können als 12x12-Matrix dargestellt werden, wobei die folgenden Regeln befolgt werden:

- In der ersten Zeile T_0 haben wir die Originalreihe (im Beispiel fett gesetzt).
- In der ersten Spalte I_0 haben wir die Umkehrung der Reihe (ebenfalls fett).
- In allen verbleibenden Kästchen haben wir die Summe (modulo 12) der Zahlen in den Zeilen- und Spaltenüberschriften. Beispielsweise beginnt die fünfte Zeile mit einer 10, die vierte Spalte mit einer 9, d. h. das Kästchen, an dem sie sich treffen, muss 7 enthalten, weil 10 + 9 = 19 ≡ 7 (mod 12).

Die zwölf Zeilen enthalten also die Originalreihe mit allen ihren Transpositionen, und die zwölf Spalten enthalten die Umkehrung der Originalreihe mit allen ihren Transpositionen. Die Krebse dieser 24 werden ganz einfach ermittelt, indem die Matrix in die umgekehrte Richtung gelesen wird: die Zeilen von rechts nach links und die Spalten von unten nach oben.

	I_0	I_1	I_3	I_9	I_2	I_{11}	I_4	I_{10}	I_7	I_8	I_5	I_6	
T_0	0	1	3	9	2	11	4	10	7	8	5	6	R_0
T_{11}	11	0	2	8	1	10	3	9	6	7	4	5	R_{11}
T_9	9	10	0	6	11	8	1	7	4	5	2	3	R_9
T_3	3	4	6	0	5	2	7	1	10	11	8	9	R_3
T_{10}	10	11	1	7	0	9	2	8	5	6	3	4	R_{10}
T_1	1	2	4	10	3	0	5	11	8	9	6	7	R_1
T_8	8	9	11	5	10	7	0	6	3	4	1	2	R_8
T_2	2	3	5	11	4	1	6	0	9	10	7	8	R_2
T_5	5	6	8	2	7	4	9	3	0	1	10	11	R_5
T_4	4	5	7	1	6	3	8	2	11	0	9	10	R_4
T_7	7	8	10	4	9	6	11	5	2	3	0	1	R_7
T_6	6	7	9	3	8	5	10	4	1	2	11	0	R_6
	RI_0	RI_1	RI_3	RI_9	RI_2	RI_{11}	RI_4	RI_{10}	RI_7	RI_8	RI_5	RI_6	

Kreisdarstellung

Die Kreisdarstellung einer Reihe ist besonders praktisch, um die Zwölftonmusik genauer zu betrachten. Die Kreisdarstellung der *Suite op. 25* von Schönberg, wie oben gezeigt, würde beispielsweise wie folgt aussehen:

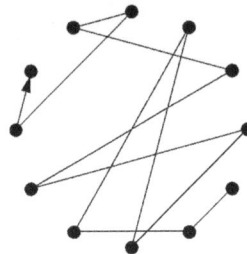

Um den Krebs der Reihe zu erhalten, kehren wir einfach die Richtung des Pfads um.

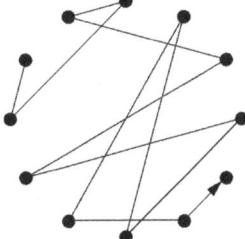

Um die Reihe umzukehren, kehren wir sie einfach an der Symmetrieachse durch ihren Referenzton um:

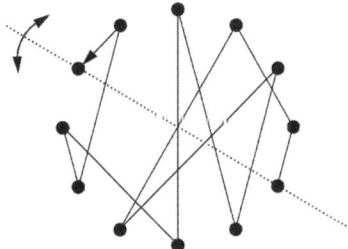

Für die Transposition drehen wir sie um die erforderliche Anzahl an „Stunden".

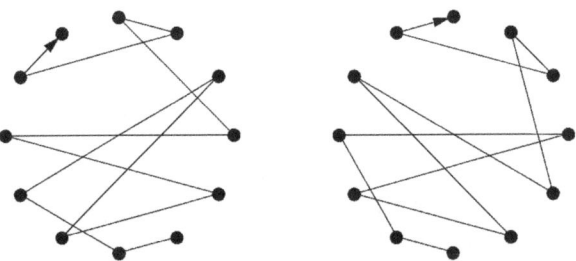

Die Umkehrung einer Transposition erhält man durch eine Spiegelung an der betreffenden Achse:

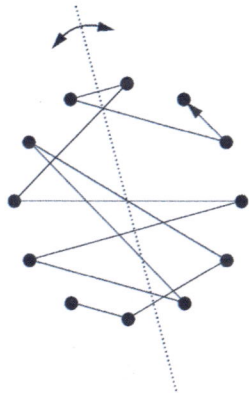

Die kreisförmige Darstellung ermöglicht, die interne Struktur der Reihe besser zu verstehen. Beispielsweise basiert die Reihe aus dem *Streichquartett op. 28* von Anton Webern, wie wir gesehen haben, auf dem Thema *BACH*:

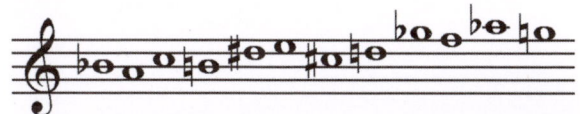

Die kreisförmige Darstellung dieser Reihe ermöglicht, ihre Symmetrie genau zu erkennen. In der Abbildung ist die Symmetrie der Reihe durch eine punktierte Linie gekennzeichnet, deren Hälfte reziprok ihre transponierten Krebse sind. Das bedeutet, die Reihe S ist gleich der krebsgängigen Umkehrung, transponiert um drei absteigende Halbtöne. Man erhält diese Reihe also durch Anwendung der oben genannten Funktionen auf die Originalreihe – Krebs (R), Umkehrung (I) und Transposition (T). Die Translation wird dreimal angewendet:

$$S = T^3(I(R(S))).$$

Das Thema *BACH*, das bereits an sich symmetrisch ist, erscheint dreimal: zuerst in seiner Originalform, dann umgekehrt und transponiert, und schließlich transponiert.

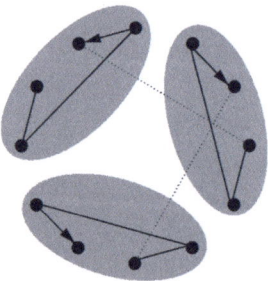

In der kreisförmigen Darstellung scheinen die Drehungen die letzte Note mit der ersten zu verknüpfen, womit ein „Kreis" vervollständigt wird, und der Pfad beginnt von neuem an einem beliebigen der Kreispunkte.

Alban Berg

Der dritte große Name der Zweiten Wiener Schule ist Alban Berg (1885-1935). Als Meister einer höchst intensiven musikalischen Sprache konnte ihn die Verwendung der Zwölftontechniken nicht daran hindern, einen höchst ausdrucksstarken Werkkomplex zu schaffen. Zu seinen bekanntesten Stücken gehören die Opern *Wozzeck* und *Lulu*, ebenso wie die *Lyrische Suite* und ein Violinkonzert. Hier die Reihe dieser letzten Komposition:

Sie weist eine erstaunliche Symmetrie auf, wenn man sie als Kreis betrachtet und die letzte Note mit der ersten verknüpft ist:

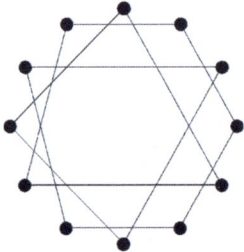

Die betreffende Reihe hat eine tonale Resonanz, die dann deutlich wird, wenn sie numerisch dargestellt wird (0, 3, 7, 11, 2, 5, 9, 1, 4, 6, 8, 10). Beachten Sie, dass sie eine Kette aus vier Dur- und Moll-Akkorden enthält, womit ein Abschnitt des Quintenzirkels nachgebildet wird: 0-7, 7-2, 2-9 und 9-4. Der Kreis wird mit vier aufeinanderfolgenden Tönen vervollständigt.

Das folgende Kreisdiagramm zeigt diese Ketten der Quinten, wobei einige der Zwischenelemente weggelassen sind.

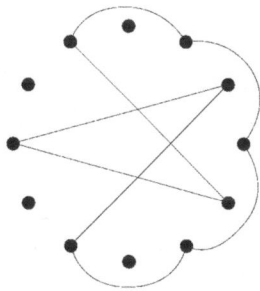

Serialismus, Kontrolle und Chaos

Die Zwölftontechnik ebnete den Weg für einen Stil der Musikkomposition, der stark von verschiedenen mathematischen Modellen beeinflusst war. Die Grundsätze, die für die Tonhöhen in Reihen galten, wurden bald schon auf andere Parameter der Musik übertragen. Die ursprüngliche Idee dabei war, das Vorherrschen einer Tonhöhe gegenüber einer anderen auszuschließen. Warum sollte dasselbe nicht für andere Parameter gelten, wie beispielsweise die Intensität, die Dauer der Noten, die Klangfarbe und das Register? Die Methode ist im Wesentlichen dieselbe wie für die Tonhöhen. Für die Arbeit mit Intensitäten wird eine Tabelle erstellt, die zwölf Abstufungen der Intensität erhält, von vierfachem *piano* bis vierfachem *forte*. Mit diesen Elementen kann eine Reihe von Intensitäten abgeleitet werden, die für die serielle Transformation geeignet ist:

1	2	3	4	5	6	7	8	9	10	11	12
pppp	*ppp*	*pp*	*p*	*quasi p*	*mp*	*mf*	*quasi f*	*f*	*ff*	*fff*	*ffff*

Auf dieselbe Weise ist es möglich, die Dauer der Noten oder anderer musikalischer Parameter zu serialisieren, um anschließend die gewünschten mathematischen/musikalischen Verfahren anzuwenden. Komponisten wie beispielsweise der

Franzose Pierre Boulez (1925-2016) oder der Deutsche Karlheinz Stockhausen (1928-2007) sind Anhänger dieser Schule, die systematisch Reihen verwendet und sie auf unterschiedliche musikalische Parameter anwendet. Die Technik hat den Namen „integraler Serialismus" erhalten. Boulez entwickelte ein Verfahren für die „Blockmultiplikation". Jeder der harmonischen Blöcke A und B ist ein Akkord – eine spezifische Menge an Tonhöhen. Block A wird transponiert, indem alle Noten von B als untere Note verwendet werden. Das Produkt A × B ist die harmonische Vereinigung all dieser Transpositionen.

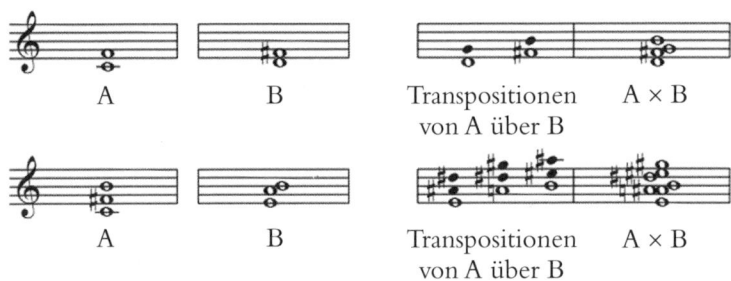

Dieses Verfahren wurde von Boulez in seinem Werk *Le Marteau sans Maître* verwendet, wobei er eine Reihe in fünf Blöcke unterteilte, a, b, c, d und e, die nach dem oben beschriebenen Verfahren multipliziert wurden:

Dies ist ein interessantes Beispiel für die Anwendung eines mathematischen Konzepts, wie beispielsweise der Multiplikation, auf einen Bereich, in dem diese Anwendung ursprünglich keinen Sinn zu ergeben schien. All diese Anstrengungen waren jedoch nicht besonders erfolgreich. Durch die Einschränkung des Kompositionsprozesses auf ein rein abstraktes und isoliertes Spiel war es so gut wie unmöglich, die Kompositionen des Serialismus in musikalischen Begriffen zu „decodieren". Boulez selbst weist in seiner Arbeit *Structures I* auf dieses Problem hin:

„Ich wollte mein Vokabular von absolut jeder Spur des Konventionellen befreien, egal, ob es Formen oder Phrasen betraf, oder Entwicklung und Form. Anschließend wollte ich Element für Element die verschiedenen Phasen des Kompositionsprozesses wieder erobern, und dies so, dass eine perfekte neue Synthese entstehen sollte, eine Synthese, die nicht von Anfang an von Fremdkörpern verunreinigt sein sollte, wie beispielsweise Reminiszenzen an einen bestimmten Stil."

Stochastische Musik

Der in Rumänien geborene griechische Komponist Iannis Xenakis (1922-2001) kritisierte den Serialismus, da seiner Meinung nach die gesamte serielle Planung, die unabhängig von den verschiedenen musikalischen Parametern erfolgte (Tonhöhen, Dauer, Intensitäten usw.), letztendlich dazu führte, dass diese Komponenten isoliert und die Beziehungen zwischen ihnen behindert wurden. Das parallele Arrangement verschiedener Reihen kann der Idee einer konzeptuellen Polyphonie gleichgesetzt werden, wobei ein idealer Zuhörer die Entwicklung jeder Reihe verfolgen kann, wie bei den verschiedenen melodischen Stimmen in einem traditionellen Werk. Das Ergebnis schien jedoch mehr eine Sammlung einzelner Elemente zu sein, und es entstand kein homogener Musikkörper.

Die Musik von Xenakis erscheint dem Zuhörer in der Form von „Klangwolken", die sich im Verlauf der Zeit entwickeln. Diese Wolken bestehen aus sehr vielen hörbaren Partikeln, Einzelelementen, die wenig individuelle Relevanz besitzen, aber statistisch zum Ganzen beitragen. Sieht man sich die allgemeinen Strukturlinien des Werks an, wird die Verteilung dieser Wolken basierend auf einer Menge hochkomplexer mathematischer Modelle und Werkzeuge deutlich, die Methoden aus der Wahrscheinlichkeitsrechnung, Algebra, Mengenlehre und Spieltheorie verwenden.

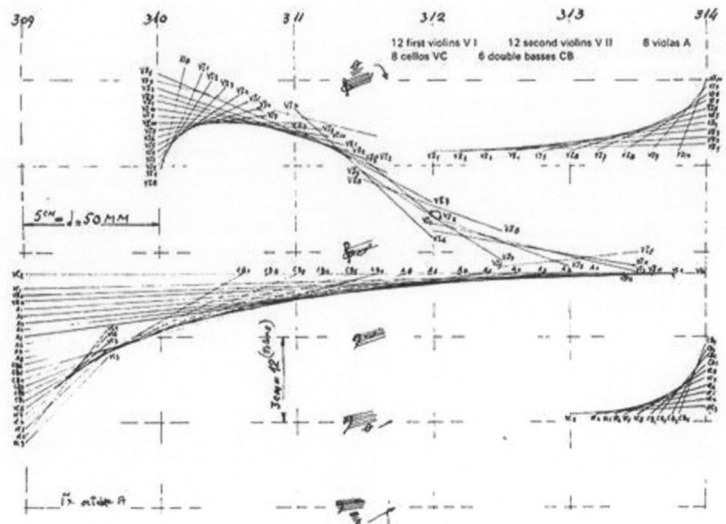

Die Partitur für Metastasis *von Iannis Xenakis.*

Mozarts Würfelspiel

Wolfgang Amadeus Mozart (1756-1791) und Joseph Haydn (1732-1809) sind zwei der bekanntesten klassischen Komponisten. Trotz einer oberflächlich höchst eingängigen Ästhetik war die Musik dieser Zeit von strengen kompositionellen Regeln bestimmt, die diese beiden Männer in Perfektion beherrschten.

Die Entstehung der Musik der Klassik fiel mit der industriellen Revolution zusammen, als neue Maschinen plötzlich den Produktionsprozess automatisieren und viele durch den Menschen ausgeführte Arbeiten reproduzieren konnten. Daraus entstand die Idee der Massenproduktion.

Johann Philipp Kirnberger (1721-1783), Komponist, Musiktheoretiker und Schüler Bachs, schuf verschiedene temperierte Stimmungen, die nach ihm benannt wurden. 1757 veröffentlichte er das erste einer Reihe von Spielen, die einen systematischen Ansatz für die musikalische Komposition boten und jedermann gestatteten, eigene Musikstücke zu schaffen, ohne über irgendwelches musikalisches Wissen zu verfügen. Mozart und Haydn beteiligten sich an diesem Gedankenspiel und schufen ihr eigenes *Musikalisches Würfelspiel*. Die folgenden Tabellen, die Mozart zuzuordnen sind, bestehen aus 176 vorkomponierten Takten, nummeriert und in den beiden Tabellen angeordnet. Jede davon hat 16 Spalten. Es muss aus jeder der beiden Tabellen eine Zahl ausgewählt werden. Dies erfolgt zufällig, indem zwei Standardwürfel geworfen werden.

	1	2	3	4	5	6	7	8	9	10	11	12	13	14	15	16
2	96	22	141	41	105	122	11	30	70	121	26	9	112	49	109	14
3	32	6	128	63	146	46	134	81	117	39	126	56	174	18	116	83
4	69	95	158	13	153	55	110	24	66	139	15	132	73	58	145	79
5	40	17	113	85	161	2	159	100	90	176	7	34	67	160	52	170
6	148	74	163	45	80	97	36	107	25	143	64	125	76	136	1	93
7	104	157	27	167	154	68	118	91	138	71	150	29	101	162	23	151
8	152	60	171	53	99	133	21	127	16	155	57	175	43	168	89	172
9	119	84	114	50	140	86	169	94	120	88	48	166	51	115	72	111
10	98	142	42	156	75	129	62	123	65	77	19	82	137	38	149	8
11	3	87	165	61	135	47	147	33	102	4	31	164	144	59	173	78
12	54	130	10	103	28	37	106	5	35	20	108	92	12	124	44	131

	17	18	19	20	21	22	23	24	25	26	27	28	29	30	31	32
1	72	6	59	25	81	41	89	13	36	5	46	79	30	95	19	66
2	56	82	42	74	14	7	26	71	76	20	64	84	8	35	47	88
3	75	39	54	1	65	43	15	80	9	34	93	48	69	58	90	21
4	40	73	16	68	29	55	2	61	22	67	49	77	57	87	33	10
5	83	3	28	53	37	17	44	70	63	85	32	96	12	23	50	91
6	18	45	62	38	4	27	52	94	11	92	24	86	51	60	78	31

Der Spieler/Komponist wirft zunächst die Würfel, um eine Zahl zwischen 2 und 12 zu erhalten. Diese Zahl gibt die Zeile an, die in der ersten Spalte ausgewählt wird. Würfelt er beispielsweise eine 3 und eine 5, wird in der ersten Spalte die Zeile 8 ausgewählt, also 152. Diese Zahl führt schließlich zum Takt 152, der den ersten Takt seines „Werks" bildet. Wiederholt man dieses Verfahren für jede der restlichen Spalten (in der zweiten Tabelle mit nur einem Würfel), erhält man schließlich 32 Takte.

Wie viele Stücke ergibt das Spiel?

Für den ersten Takt gibt es 11 Auswahlmöglichkeiten, eine für jedes mögliche Ergebnis der Würfel: von 2 bis 12. Für jede davon gibt es 11 Möglichkeiten, den zweiten Takt auszuwählen, womit wir insgesamt $11 \times 11 = 11^2 = 121$ Möglichkeiten haben, die beiden ersten Takte zu erhalten. Für jede davon gibt es 11 Möglichkeiten, den dritten Takt auszuwählen, womit sich $11^2 \times 11 = 11^3 = 1.331$ verschiedene Möglichkeiten für die drei ersten Takte ergeben.

OULIPO

Ein kombinatorisches Verfahren vergleichbar dem hier erklärten wurde im 20. Jahrhundert vom französischen Autor Raymond Quenau verwendet, der 1960 zusammen mit dem Mathematiker François Le Lionnais Oulipo schuf, ein Akronym für *Ouvroir de Littérature Potentiel* (Werkstatt für potenzielle Literatur). Sein Werk *Cent Mille Milliards de Poèmes* (Einhunderttausend Milliarden Gedichte) besteht aus zehn Sonetten mit jeweils 14 Versen, die mit jedem anderen Vers der anderen Sonette kombiniert werden können. Damit gibt es für die zehn möglichen ersten Verse insgesamt 1.014 Sonette – die Zahl, die dem Werk seinen Titel gab.

Für jeden Takt des *Menuetts* multipliziert sich die Anzahl der Möglichkeiten mit 11, und jeder Takt des Trios entspricht einer Multiplikation mit 6. Insgesamt kann das Spiel $11^{16} \times 6^{16} = 129.629.238.163.050.258.624.287.932.416 \simeq 1,3 \times 10^{29}$ verschiedene „Stücke" erzeugen. Wollte jemand alle diese Stücke spielen, ohne Pause und mit einer Dauer von 30 Sekunden pro Stück, bräuchte er dafür mehr als 123.000 Trillionen Jahre. Lustig an dem Spiel ist, dass es zwar eigentlich für Musikvariationen geschaffen wurde, aber im Hinblick auf seine Wahrscheinlichkeiten „versagte". Die Würfelergebnisse sind nicht gleich verteilt. Die Zahl 7 kommt bei 6 der Kombinationen als Ergebnis heraus, während es für die Zahlen 2 und 12 nur jeweils eine Kombination gibt, wie der folgenden Tabelle zu entnehmen ist:

Ergebnis	2	3	4	5	6	7	8	9	10	11	12
Kombinationen	1+1	1+2 2+1	1+3 2+2 3+1	1+4 2+3 3+2 4+1	1+5 2+4 3+3 4+2 5+1	1+6 2+5 3+4 4+3 5+2 6+1	2+6 3+5 4+4 5+3 6+2	3+6 4+5 5+4 6+3	4+6 5+5 6+4	5+6 6+5	6+6
Insgesamt	1	2	3	4	5	6	5	4	3	2	1

Kopieren der Größen

Im Kompositionsunterricht lernen Schüler die Klassiker zu kopieren, ihre Musik „nach Beethoven klingen zu lassen". Aber woraus besteht dieser Stil Beethovens? Man kann einige Regeln auflisten, wie die thematischen Motive funktionieren, wie die Harmonie entwickelt wird, welche kleineren oder größeren melodischen Intervalle verwendet werden, wie dynamische Pausen und Kontraste genutzt werden usw.

Jede der musikalischen Dimensionen eines Stils kann statistisch analysiert werden. Wollen wir beispielsweise die Eigenschaften der thematischen Motive in den Sonaten von Beethoven untersuchen, können wir eine Statistik ableiten, die die Breite der verwendeten Register angibt, oder auch das Intervall zwischen der niedrigsten und der höchsten Note. Eine statistische Untersuchung würde uns zeigen, wie viele dieser Motive eine maximale Spannweite von einem Halbton haben, wie viele eine Spannweite von 2, 3, 4… haben. Sie würde vielleicht auch zeigen, welche minimale Spanweite Beethoven verwendet hat, oder den ersten Wert ungleich 0 in dieser Zahlenreihe. Eine vergleichbare Statistik kann auch für alle anderen zu untersuchenden Parameter angelegt werden.

Die statistischen Techniken gestatten uns zwar, eine allgemeine Atmosphäre nachzubilden, aber sie sind nicht kontextsensitiv. Wenn wir versuchen, einen Stil zu kopieren, kommt es vielleicht gar nicht so sehr auf die Verteilung der Noten an (es spielt keine Rolle, ob wir wissen, dass ein Werk so und so viele *C* enthält, wenn wir bei dem Versuch, den Stil zu kopieren, alle diese *C* gleich am Anfang schreiben). Wichtiger als das Wissen, wie oft jede Note verwendet wurde, ist die Kenntnis, wie die Noten verknüpft sind.

Die „Markow"-Kette ist ein mathematisches Werkzeug, mit dem es möglich ist, eine Lösung für dieses Problem anzunähern. Die Technik besteht darin, eine statistische Untersuchung durchzuführen und nachzubilden, wie die verschiedenen „Zustände" des Systems aufeinander folgen. Wendet man dies auf die Komposition einer Melodie an, können wir die Muster reproduzieren, die bestimmen, wie das Vorliegen aufeinanderfolgender Noten die Auswahl der jeweils nächsten Note beeinflusst.

Der Markow-Geburtstag

Das folgende Beispiel verwendet Markow-Ketten, um eine Melodie im Stil des klassischen „Happy Birthday" zu generieren.

Die folgende Tabelle gibt an, wie oft jede Note in der Melodie vorkommt:

G	A	H	C	D	E	F	G'
8	3	2	6	2	2	2	1

Scheinbar sollte eine Melodie, die den Stil von „Happy Birthday" nachempfindet, die Noten in diesen Proportionen arrangieren. In der Realität erzeugt dieser Ansatz jedoch einfach nur eine Melodie, die der Originalmelodie ganz ähnlich ist.

Statt zu analysieren, wie oft jede Note vorkommt, ermöglichen Markow-Ketten, zu untersuchen, wie die Noten aufeinander folgen. Die 26 Noten der Melodie werden unter Verwendung von 25 Nachbarpaaren oder Übergängen verkettet. Die erste Translation ist G-G, die zweite G-A usw. Insgesamt gibt es maximal $8 \times 8 = 64$ verschiedene Übergänge, aber in der Melodie sind sie nicht alle vorhanden.

Die folgende Tabelle zeigt die Anzahl der Übergänge jedes Typs.

		Nächste Note								Gesamt
		G'	F	E	D	C	B	A	G	
Note	G'		·	1						1
	F	1	1							2
	E				2					2
	D				2					2
	C				1	1	2		1	5
	B							1	1	2
	A	1							2	3
	G	1			1	1		2	3	8

Angenommen, unsere neue Melodie beginnt mit G, derselben Note, mit der auch die Originalmelodie beginnt. Welche Noten können nach dem anfänglichen G stehen? Die letzte Zeile der Tabelle zeigt, dass die Note G in der Melodie „Happy Birthday" acht mögliche Nachfolger hat: ein höheres G, ein D, ein C, zwei A und dreimal wieder dasselbe G. Wir ordnen jedem der möglichen Nachfolger eine Zahl zwischen 1 und 8 zu. Anschließend wählen wir zufällig eine Zahl aus diesem Bereich aus, um zur zweiten Note unserer Melodie zu gelangen. Ist das Ergebnis 1, erhalten wir das höhere G, ist das Ergebnis 2, erhalten wir D, ist das Ergebnis 3, erhalten wir C, ist das Ergebnis 5, erhalten wir A, und für 6, 7 und 8 erhalten wir wieder dasselbe G. Angenommen, das Ergebnis ist 3, dann wird die zweite Note der neuen Melodie ein C sein. Der Prozess wird mit den 5 möglichen Fortsetzungen von C wiederholt: D, C, H, H und G. Eine Zufallszahl zwischen 1 und 5 bestimmt die dritte Note der neuen Melodie. Angenommen, das Ergebnis ist 4. Das bedeutet, die dritte Note ist ein H. Dieser Prozess wird so oft fortgesetzt, bis wir die gesamte neue Melodie generiert haben. Eines der Ergebnisse ist nachfolgend gezeigt:

Der zweite Geburtstag

Im vorigen Abschnitt haben wir eine Analyse unter Verwendung eines Markow-Prozesses erster Ordnung durchgeführt, wobei der Einfluss jeder Note auf ihren jeweiligen Nachfolger berücksichtigt wurde. Aber warum verwenden wir keinen Markow-Prozess zweiter Ordnung, der den Einfluss jedes Notenpaars auf die jeweils nachfolgende Note hat? Betrachten wir noch einmal die Originalmelodie. Der erste Übergang zweiter Ordnung ist $G\text{-}G \Rightarrow A$. Der nächste ist $G\text{-}A \Rightarrow G$.

Es gibt insgesamt $64 \times 8 = 512$ mögliche Übergänge zweiter Ordnung, aber nur ein paar davon kommen in der Melodie vor, wie in der Tabelle gezeigt:

		Nächste Note								Gesamt
		G'	F	E	D	C	B	A	G	
	G'-E					1				1
	F-F			1						1
	F-E					1				1
	E-C				1	1				2
	D-C							1		1
	C-D					1				1
	C-C						1			1
	C-B							1	1	2
Noten-	C-G								1	1
paar	B-A		1							1
	B-G								1	1
	A-F		1							1
	A-G				1	1				2
	G-G'		1							1
	G-D					1				1
	G-C						1			1
	G-A								2	2
	G-G	1							2	3

Der Prozess für die Generierung einer Melodie zweiter Ordnung ist derselbe wie zuvor, aber jetzt gibt es sehr viel weniger Möglichkeiten, um aus der Originalmelodie „auszubrechen". Auf diese Weise wurde die folgende Melodie generiert:

Diese Melodien versuchen, den Stil der Melodie *Happy Birthday* nachzuempfinden, indem sie die Art und Weise nachbilden, wie die Noten aufeinanderfolgen. Dieselbe Technik kann angewendet werden, um andere musikalische Dimensionen zu kopieren – die Dauer von Noten, harmonische Sequenzen, die verwendeten Register, die Orchestrierung usw.

EMI

Neben dem Versuch, den Stil verschiedener großer Komponisten nachzubilden, gestattet das Programm EMI (Experiments in Musical Intelligence) auch, eigene Werke zu schaffen.

EMI wurde vom Amerikaner David Cope entwickelt und analysiert das Werk eines Komponisten und nimmt Stichproben kleiner musikalischer „Zellen", die dann neu kombiniert werden, um auf Grundlage dieser Analyse neue solcher Zellen im Stil des Komponisten zu bilden. Um diese isolierten Fragmente zu einer Komposition zusammenzufassen, verwendet EMI unterschiedliche Techniken der künstlichen Intelligenz. Verschiedene der von EMI erstellten Werke wurden von menschlichen Zuhörern bewertet. Einige der Zuhörer waren begeistert, während andere zornig wurden und sich von der offensichtlichen Fähigkeit von Maschinen, das menschliche Genie zu replizieren, sehr beunruhigt fühlten. Cope geht nicht davon aus, dass diese ungehaltenen Reaktionen lange anhalten: „Letztlich ist der Computer nur ein Werkzeug, mit dem wir unser Gehirn erweitern. Die Musik, die unsere Algorithmen komponieren, ist genauso die unsere wie die Musik, die von unseren größten Geistern geschaffen wurde."

Mechanisierung

Das Programm von Cope wirft eine grundlegende Frage auf: Ist es möglich, den kreativen Prozess zu mechanisieren? Schon vor den Würfeln Mozarts gab es Musikautomaten. Im 17. Jahrhundert schuf Athanasius Kircher das *Arca Musarithmica*, das erste Instrument, das einem Algorithmus folgte, mit dem Musikstücke für vier Stimmen entworfen werden konnten. Zu Beginn des 19. Jahrhunderts baute Nikolaus Winkel (1773-1826) das *Componium*, eine automatische Orgel mit zwei Walzen, die zufällig angesteuert wurden. Um unsere Eingangsfrage zu beantworten, müssen wir mehr über die Inspirationsquellen des Komponisten wissen, und ob es Fälle gibt, in denen dies zu Prozessen geführt hat, die reproduziert oder imitiert werden können.

Inspiration

Wie andere Künstler auch, lassen sich Komponisten von den unterschiedlichsten Eindrücken inspirieren: einem geliebten Menschen, einem historischen Ereignis oder einer historischen Figur, der Arbeit eines anderen Künstlers usw. Die Konzerte *Die vier Jahreszeiten* von Antonio Vivaldi, *Symphonie Fantastique* von Hector Berlioz oder die *1812 Ouvertüre* von Pjotr Tschaikowski gehören zu den berühmtesten Werken, die unter der Überschrift „deskriptive Musik" geführt werden können, also Musik, deren Verbindung mit bestimmten realen Ereignissen oder Erfahrungen ganz offensichtlich ist. In all diesen Beispielen ist die Quelle der Inspiration ein Referenzpunkt in der Umgebung, in der Geschichte oder in der Literatur, der zumindest für die Zeitgenossen des Komponisten irgendeine Bedeutung hat.

Aber die Inspiration stammt nicht immer aus Eindrücken, die die Komponisten mit anderen Menschen teilen. 1939 schrieb der Brasilianer Heitor Villa-Lobos (1887-1959) seine Arbeit *New York Skyline* (die er 1957 überarbeitete) mit Melodien, die durch die Skyline der Gebäude von New York City vorgegeben wurden, indem er ihre Umrisse auf kariertes Papier zeichnete.

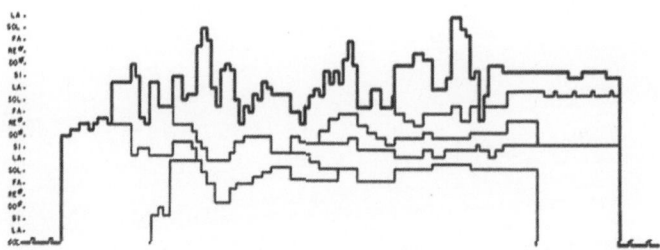

Sir Edward Elgar (1857-1934) widmete seine gefeierten *Enigma-Variationen* (Variationen zu einem Originalthema für Orchester) op. 36 „seinen Freunden, die darin dargestellt werden". Jede Variation wird durch die Initialen – oder eine weitere Referenz – mit Menschen identifiziert, die Elgar nahestanden, und deren musikalische Porträts er damit schuf. Dies ist jedoch nicht das eigentliche Enigma, das dem Stück seinen Namen gibt. Es gibt ein weiteres Rätsel, das es noch zu entziffern gilt. Elgar selbst behauptet, in seinem Werk eine „verborgene" Melodie hinterlassen zu haben. Wie der Protagonist eines Schauspiels, der nie auf der Bühne erscheint, aber um den die gesamte Geschichte aufgebaut ist, wurde dieses mysteriöse Thema in dem Werk nie gehört, obwohl ihm das gesamte Werk gewidmet ist.

Algorithmische Komposition

Ein Algorithmus ist ein Rezept, eine Menge an Anweisungen, die vorgeben, wie eine Aufgabe ausgeführt werden soll. Computer führen praktisch alle ihre Prozesse unter Verwendung von Algorithmen aus. Eine strenge Definition (von den vielen vorhandenen) würde vorgeben, dass ein Algorithmus bestimmte Eigenschaften aufweisen muss (er muss endlich sein, er muss wohldefinierte Anweisungen enthalten usw.). Wir können jedoch für unsere Zwecke bei der informellen Vorstellung bleiben, dass es sich um eine Liste mit Schritten und/oder Regeln handelt, die befolgt werden müssen, um ein Ergebnis zu erzielen.

Die algorithmische Komposition modelliert den „konventionellen" Inspirationsprozess auf mathematische Weise. Der Komponist entwirft einen Algorithmus, der bestimmte Informationen als *Eingabe* erhält, und eine neue Information als *Ausgabe* generiert. Wie können wir uns einen Algorithmus vorstellen, der Musik generiert? Letztlich scheint es ja so zu sein, dass Musik eine Form der Kommunikation ist, die die Emotionen eines Menschen und/oder seine Sichtweise auf die Realität ausdrückt. Damit stellt sich die Frage, warum wir eine Maschine benutzen sollten, die Musik schreibt. Ist das überhaupt Musik? Was ist Musik?

Erstens, obwohl Musik ein Werkzeug ist, Gefühle auszudrücken und anzusprechen, ist das schon lange nicht mehr ihr einziger Zweck. Häufig wird sie als Rohmaterial für einen riesigen Markt verwendet, der eine ständige Produktion neuer Musikstücke, neuer Darbietungen, neuer Anregungen fordert. Damit ist ein Komponist nur noch ein kleines Rädchen der Maschinerie, das ganz einfach ersetzt werden kann. Die Tatsache, dass die Person nicht gebraucht wird, stellt die Qualität ihrer Arbeit nicht in Frage, und auch nicht die Zweckmäßigkeit eines Algorithmus, der sie ersetzt, sondern verdeutlicht die Standardisierung eines Systems, das zuvor wenig von der Person und jetzt wenig vom Algorithmus erwartet.

Zweitens, der Entwurf eines Algorithmus, der gute Musik „schreiben" kann, ist eine Herausforderung, von der alle Programmierer besessen sind, die musikalische Ambitionen haben. Die Regeln der Musik können mathematisch analysiert werden, aber es gibt immer einen Punkt, ab dem die Erklärungen mit Begriffen wie Inspiration, Spiritualität, Sensibilität oder Kunst nicht mehr greifbar sind. Kann diese Grenze überwunden werden? Wird der Tag kommen, an dem ein Programmierer mit Hilfe moderner mathematischer Techniken den Computer in einen Prometheus aus Silizium verwandelt, der das göttliche Feuer der Inspiration stiehlt und es von diesem Tag an allen zur Verfügung stellt?

Anhang I

Grundlegende Konzepte aus der Musiktheorie und Notation

Die Musiknotation ist ein Beispiel für die Anwendung von Mathematik auf eine künstlerische Disziplin. Diese Anwendung ist vielleicht nicht so deutlich wie die Beiträge der Geometrie für die Malerei, aber dennoch enthält die moderne Musiknotation einen umfangreichen Satz an Regeln und Symbolen, die ihre Ursprünge in der Mathematik haben, oder die unter Verwendung mathematischer Konzepte beschrieben werden können. Die Musiknotation wurde nicht auf dem Reißbrett entworfen, sondern ist das Produkt eines langen evolutionären Prozesses in der Geschichte. Als Alternative wurden in jüngster Zeit effizientere Notationssysteme vorgeschlagen, aber aufgrund der allgemeinen Akzeptanz des traditionellen Modells ist jede Änderung langsam und schwierig.

Tonhöhe

Der Begriff „Tonhöhe" bezieht sich auf den wahrgenommenen Wert des „Tons". Ton ist eine Eigenschaft von Schall, die direkt mit der Frequenz der Oszillation der Welle zu tun hat, die ihn erzeugt. Diese Frequenz wird in Hertz (Hz) gemessen. Tonhöhe ist die Eigenschaft, anhand derer zwischen hohen und tiefen Tönen unterschieden werden kann (höhere Frequenzen haben eine höhere Tonhöhe), ebenso wie zwischen einzelnen Noten. Um die verschiedenen relativen Tonhöhen einordnen zu können, wurde 1939 ein Standard definiert, der als das „Diapason-Normal A" oder „Referenzton" bezeichnet wird, mit einem Wert von 440 Hz.

Intervalle

Der Begriff „Intervall" bezieht sich auf die Differenz der Tonhöhe zwischen zwei von einem Zuhörer wahrgenommenen Tönen. Intervalle werden unter Verwendung von Ordnungszahlen benannt, die der Anzahl der Töne entspricht, die die beiden Töne in der Tonleiter voneinander trennen, einschließlich der betreffenden Noten.

Anhand eines Beispiels wird diese Definition klarer. Wenn ein *F* und ein höheres *A* gleichzeitig gespielt werden, hören wir das Intervall einer „Terz" (*F-G-A*: drei Noten). Zwischen *A* und einem höheren *F* befindet sich eine „Sexte" (*A-H-C-D-E-F*: sechs Noten). Bei der Angabe zweier gleichzeitig gespielter Töne, die ein Intervall bilden, wird der Konvention entsprechend zuerst der niedrigere Ton angegeben, gefolgt von dem höheren Ton. Eine Sekunde beispielsweise besteht aus zwei Tönen, die auf der Tonleiter nebeneinander stehen: *C-D, D-E, E-F* usw. Analog dazu sind Beispiele für Terzen *C-E, D-F, E-G, F-A, G-H* usw.

Das Intervall *C-D* ist also eine Sekunde, das Intervall *D-C* eine Septime. Das vollständige Intervall zwischen zwei gleichen Noten (z. B. *C-C*) ist eine Oktave. Ein Oktav-Intervall erstreckt sich über zwölf Halbtöne.

F   Sekunde   Terz   Quarte   Quinte   Sexte   Septime   Oktave

Intervalle kleiner oder gleich einer Oktave in musikalischer Notation.

Klassifizierung von Intervallen

Intervalle werden als groß, klein oder perfekt klassifiziert, abhängig von der Anzahl der Halbtöne, die sie enthalten. Beispielsweise sind die beiden Töne im Sekundenintervall *C-D* durch zwei Halbtöne getrennt, und ihr vollständiger Name ist „große Sekunde". Die Noten des Intervalls *H-C* dagegen sind nur durch einen Halbton voneinander entfernt, und wir sprechen von einer „kleinen Sekunde". Die Begriffe klein und groß können auf alle Intervalle angewendet werden, außer auf diejenigen mit fünf, sechs oder sieben Halbtönen. Das Intervall mit fünf Halbtönen wird als „perfekte Quarte" bezeichnet, das Intervall mit sieben Halbtönen als „perfekte Quinte". Ein Sonderfall tritt in der Mitte der Oktave auf: In der Oktave *C-C* liegt *F♯* sechs Halbtöne vom unteren *C* (vergrößerte Quarte) und sechs Halbtöne vom höheren *C* (verkleinerte Quinte) entfernt.

Wenn die Töne nacheinander gespielt werden, haben wir ein melodisches Intervall, das „aufsteigend" oder „absteigend" sein kann. Ein aufsteigendes *C-D*-Intervall ist eine aufsteigende große Sekunde, während ein absteigendes *C-D*-Intervall eine absteigende kleine Septime ist. Ein absteigendes *D-C*-Intervall ist eine absteigende große Sekunde, während ein aufsteigendes *D-C*-Intervall eine aufsteigende kleine Septime ist.

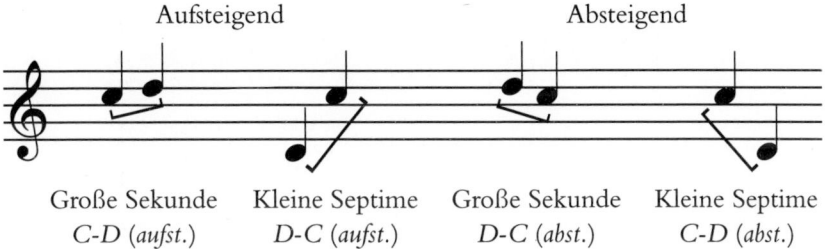

Große Sekunde	Kleine Septime	Große Sekunde	Kleine Septime
C-D *(aufst.)*	D-C *(aufst.)*	D-C *(abst.)*	C-D *(abst.)*

Alle möglichen Kombinationen melodischer Intervalle zwischen zwei Noten.

Die folgende Tabelle zeigt das Maß der verschiedenen Intervalle in Halbtönen:

Intervall	Anzahl (Halbtöne)
Unisono	0
Kleine Sekunde	1
Große Sekunde	2
Kleine Terz	3
Große Terz	4
Perfekte Quarte	5
Erweiterte Quarte (verkürzte Quinte)	6
Perfekte Quinte	7
Kleine Sexte	8
Große Sexte	9
Kleine Septime	10
Große Septime	11
Oktave	12

Umkehrung der Intervalle

Die „Umkehrung" eines Intervalls ergibt ein weiteres Intervall, das, wenn es mit dem ursprünglichen Intervall verknüpft wird, die zwölf Halbtöne einer Oktave enthält. Das Konzept ist dem der Komplementärwinkel:

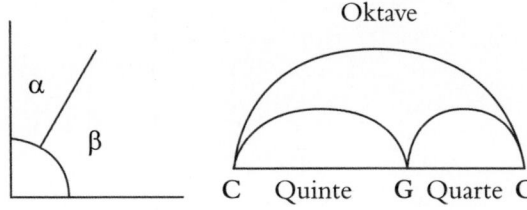

Die Umkehr der perfekten Quarte (5 Halbtöne) ist die perfekte Quinte (7 Halbtöne): G-C (perfekte Quarte) zu C-G (perfekte Quinte). Der Komplementärwinkel zum Winkel α ist der Winkel, der erforderlich ist, um ihn zu 90° zu ergänzen, also der Winkel β.

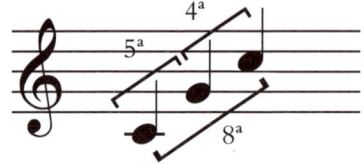

Zwei komplementäre Intervalle.

Die folgende Tabelle listet die Intervalle und ihre jeweiligen Umkehrungen auf:

Intervall	Anzahl (Halbtöne)		Umkehr
Unisono	0	12	Oktave
Kleine Sekunde	1	11	Große Septime
Große Sekunde	2	10	Kleine Septime
Kleine Terz	3	9	Große Sexte
Große Terz	4	8	Kleine Sexte
Perfekte Quarte	5	7	Perfekte Quinte
Erweiterte Quarte (verkürzte Quinte)	6	6	Verkürzte Quinte (erweiterte Quarte)
Perfekte Quinte	7	5	Perfekte Quarte
Kleine Sexte	8	4	Große Terz
Große Sexte	9	3	Kleine Terz
Kleine Septime	10	2	Große Sekunde
Große Septime	11	1	Kleine Sekunde
Oktave	12	0	Unisono

Das Phänomen der Oberschwingungen

Wenn ein Musikinstrument einen Ton ausgibt, der eine objektive Frequenz von F hat, nimmt das menschliche Ohr bei weitem keinen „reinen" Ton wahr, sondern eine Summe einer unendlichen Anzahl an Komponenten. Unsere Wahrnehmung einer auf einer Saite gespielten Note oder einer Note ganz allgemein ist die Summe aus einem Haupton und anderen, weniger intensiven Tönen, die auch als „Oberschwingungen" bezeichnet werden. Im Gegensatz zu der Note, die wir wahrnehmen, bei der es sich um einen zusammengesetzten Ton handelt, sind sowohl die Hauptkomponente als auch die Oberschwingungen reine Töne. Von den Oberschwingungen, aus denen sich ein Ton zusammensetzt, kann das menschliche Ohr bis hin zur sechzehnten Oberschwingung hören.

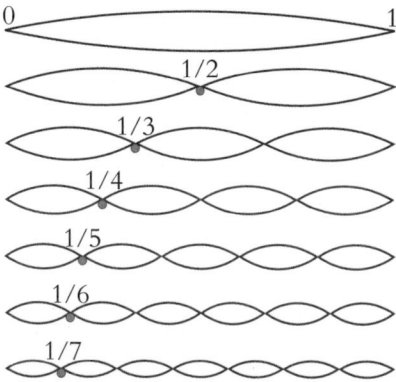

Dieses Diagramm zeigt eine Saite, die in Frequenzen schwingt,
die den ersten Oberschwingungen entsprechen.

Bei einem Instrument, das ein *C* ausgibt, sieht die Reihe der sechzehn Ober-schwingungen, die das menschliche Ohr wahrnimmt, wie folgt aus:

Nr. der Oberschwingung	Intervall	Frequenz	Note
1.	Grundfrequenz	33 Hz	C_1
2.	Oktave	66 Hz	C_2
3.	Quinte	99 Hz	G_2
4.	Oktave	132 Hz	C_3
5.	Große Terz	165 Hz	E_3
6.	Quinte	198 Hz	G_3
7.	Entspricht keinem moderierten Zeitintervall	231 Hz	Bb_3
8.	Oktave	264 Hz	C_4
9.	Große Sekunde	297 Hz	D_4
10.	Große Terz	330 Hz	E_4
11.	Entspricht keinem moderierten Zeitintervall	363 Hz	$F\#_4$
12.	Perfekte Quinte	396 Hz	G_4
13.	Entspricht keinem moderierten Zeitintervall	429 Hz	A_4
14.	Entspricht keinem moderierten Zeitintervall	462 Hz	Bb_4
15.	Große Septime	495 Hz	B_4
16.	Oktave	528 Hz	C_5

Diese Tabelle zeigt das Verhältnis zwischen Harmonie und Frequenzen.
Die große Terz an fünfter Stelle beispielsweise entspricht einem Ton
der fünffachen Grundfrequenz von 33 Hz (d. h. 165 Hz = 5 x 33 Hz).

In der Musiknotation sehen die Noten, die den sechzehn Oberschwingungen entsprechen, wie folgt aus:

Konsonanz/Dissonanz

Über den Bereich der Subjektivität hinaus können gleichzeitig gespielte Töne als angenehm wahrgenommen werden (wir sprechen von „Konsonanz"), oder als unangenehm und voller Spannungen (hier sprechen wir von „Dissonanz"). Im ersten Kapitel haben Sie gelesen, dass die pythagoreische Schule der Meinung war, dass der Grad der Konsonanz zwischen Tönen direkt mit der Proportionalität der Längen der Saiten verknüpft ist, die diese beiden Töne ausgaben, also der Proportionalität zwischen ihren beiden Frequenzen. Gemäß den Pythagoreern sind Intervalle einer Oktave (erzeugt durch zwei Saiten mit der Proportion 1:2 ihrer Längen), einer Quinte (mit einer Proportion der Längen von 2:3) und einer Quarte (3:4) konsonant. Andere Intervalle, die von diesen drei grundlegenden Intervallen abgeleitet sind, sind dissonant aufgrund der komplexen numerischen Quotienten, die ihren Tönen zuzuordnen sind. Die folgenden Abbildungen zeigen die wichtigsten Intervalle und die Proportionen zwischen den Frequenzen der Noten, aus denen sie zusammengesetzt sind:

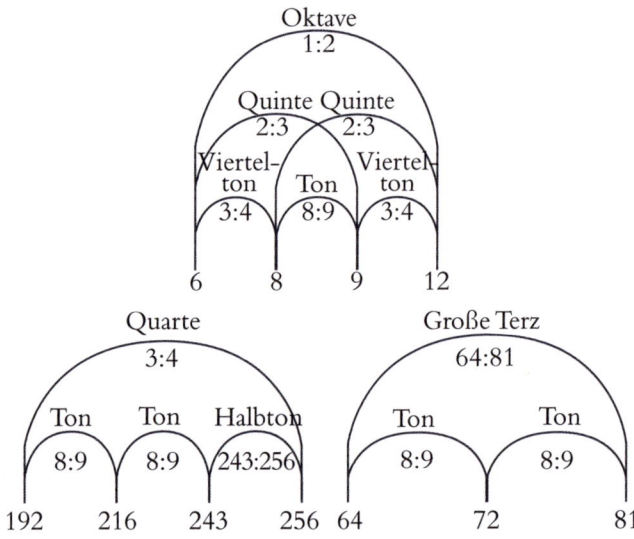

Von den vielen Theorien, die seit dieser Zeit entstanden sind, ist vor allem das Konzept der „Affinität der Töne" interessant, das besagt, dass der Grad der Konsonanz zwischen zwei Tönen umso höher ist, je mehr Oberschwingungen sie gemeinsam haben.

Aufzeichnungszeit

Untersuchungen des Wesens des Rhythmus ermöglichen es, das Auftreten von Tönen und Pausen zu abstrahieren. Damit können wir eine präzisere Darstellung musikalischer Phänomene erstellen. In der Physik wird die Zeit häufig entlang einer horizontalen Achse von links nach rechts dargestellt. Wollen wir beispielsweise die Position eines frei fallenden Objekts vom Zeitpunkt des Falls bis zum Aufprall auf dem Boden grafisch darstellen, würden wir die Höhe an der vertikalen Achse (y) antragen, die Zeit an der horizontalen Achse (x).

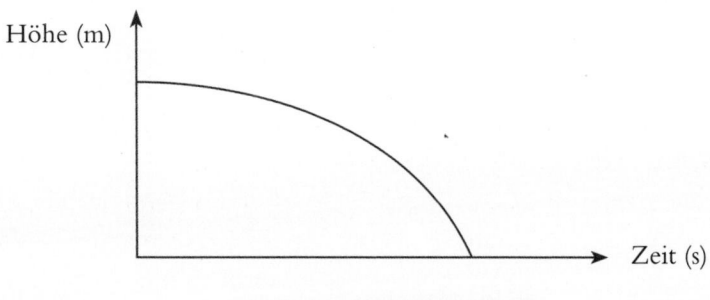

Graph eines frei fallenden Körpers.

Eine ähnliche Konvention wurde für die Darstellung von Musik im Verlauf der Zeit entwickelt:

Musik wird von links nach rechts gelesen, genau wie ein Text in der westlichen Darstellung. Musikalische Rhythmen werden mit Hilfe verschiedener Symbole entlang der horizontalen Achse angegeben.

Musik und ihre Symbole

Um das Notationssystem zu verstehen, müssen die Eigenschaften des darzustellenden „Materials" identifiziert werden, d. h. die Töne und die ihnen zugeordneten Symbole:

- Zunächst muss berücksichtigt werden, ob gerade ein Ton ausgegeben wird oder nicht. Ton und seine Artikulationen spielen eine große Rolle, aber auch der Kontrast zur Ausgabe von Tönen, die Pausen, sind wichtig.
- Töne sind das Ergebnis einer Bewegung, und sie haben einen Anfang und ein Ende.

Noten und Pausen sind Symbole, die das Vorhandensein oder das Nichtvorhandensein von Klang darstellen. Das eigentliche Symbol gibt die relative Dauer der Note im Hinblick auf andere Töne und Pausen an.

Noten

Musiknoten verwenden einen Code, der die Dauer der Note bestimmt, die sie darstellen. Dazu werden die folgenden Elemente kombiniert:

- Notenkopf: kleines schwarzes oder weißes Oval.
- Hals: vertikale Linie mit dem Notenkopf am einen Ende und (gegebenenfalls) dem Fähnchen am anderen Ende.
- Fähnchen: kleine geschwungene Linien am Hals gegenüber dem Notenkopf.

Relative Dauer von Noten

Noten und Pausen haben eine „relative Dauer", unabhängig von der Geschwindigkeit, mit der die Musik gespielt wird. Diese Geschwindigkeit, mit der sie gespielt werden, und damit die „tatsächliche" Dauer der Noten wird durch eine Metronom-Angabe definiert. Dies ist die Geschwindigkeit, die häufig von einem Metronom festgelegt wird, das eine einstellbare, aber konstante Geschwindigkeit vorgibt.

Wie bereits erwähnt, wird die relative Dauer der Noten durch das Aussehen des Notenkopfs (schwarz oder weiß) und das Vorhandensein oder Fehlen eines Halses und etwaiger Fähnchen bestimmt.

Der Notenkopf von Ganz- und Halbtönen ist weiß, für alle anderen Noten ist er schwarz. Darüber hinaus haben alle Noten, mit Ausnahme der ganzen Töne, einen Hals. Viertel haben ein Fähnchen, Achtel haben zwei, Sechzehntel haben drei, Vierundsechzigstel haben vier. Den verschiedenen Noten ist eine relative Dauer von 2n zugeordnet, wobei n zwischen 0 und 6 liegt.

Die Noten von der kürzesten zur längsten Dauer sind: Ganzton, Halbton, Viertel, Achtel, Sechzehntel, Zweiunddreißigstel und Vierundsechzigstel. Die grundlegende Note ist die ganze Note, der der Wert 1 zugeordnet wird. Ihr folgt die halbe Note, die halb so lange dauert wie die ganze Note, d. h. während der Dauer einer ganzen Note können zwei halbe Noten gespielt werden. Die Dauer einer halben Note deckt zwei Viertel ab. Im Allgemeinen ist die Dauer einer Note halb so lang wie diejenige der vorhergehenden in unserer obigen Liste. Die folgende Abbildung zeigt die relative Dauer der Noten, wobei der Ganzton ganz oben in der Pyramide steht und die Vierundsechzigstel sich ganz unten befinden:

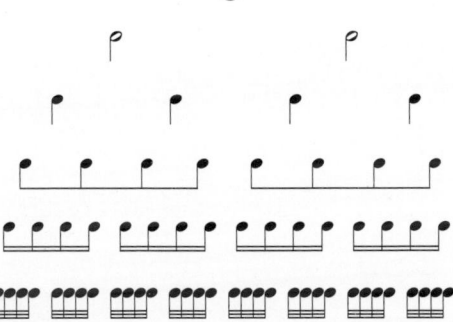

Die folgende Tabelle zeigt die relative Dauer der einzelnen Noten:

Nr.	2^n	Name	Note	Dauer im Hinblick auf den Ganzton
0	1	Ganzton	o	1
1	2	Halbton	♩	1/2
2	4	Viertel	♩	1/4
3	8	Achtel	♪	1/8
4	16	Sechzehntel	♪	1/16
5	32	Zweiunddreißigstel	♪	1/32
6	64	Vierundsechzigstel	♪	1/64

Die Nummer, die eine Note charakterisiert, gibt an, wie oft sie während der Dauer einer ganzen Note gespielt werden kann. Das Verhältnis der Notenlängen ist direkt und transitiv: Wenn eine halbe Note zwei Vierteln entspricht und ein Viertel vier Sechzehnteln, dann entspricht eine halbe Note acht Sechzehnteln.

Achtel werden häufig mit einem Balken verbunden, der sie gruppiert. Dies entspricht häufig der durch eine größere Note vorgegebenen Ordnung oder dem Takt:

Pausen

Eine Pause ist das Gegenteil eines Tons und das zweite grundlegende Element der Musik. Man kann sich eine Pause als die Basis vorstellen, auf der Töne gespielt werden. In der musikalischen Progression ist jedoch eine Pause ein Zeitintervall, in dem kein Ton gespielt wird. Aus diesem Grund muss einer Pause eine präzise Dauer zugeordnet werden. Eine Reihe spezieller Symbole, deren Dauer denjenigen der Notensymbole entspricht, stellen Pausenintervalle unterschiedlicher Längen dar:

Noten

Ganzton	Halbton	Viertel	Achtel	Sechzehntel	Zweiund-dreißigstel	Vierund-sechzigstel

Pausen

Punktierte Noten

Häufig ist es notwendig, die relative Dauer einer Note (oder Pause) zu verlängern. Zu diesem Zweck wird ein kleiner Punkt rechts vom Notenkopf angegeben. Der Punkt zeigt an, dass die relative Dauer der punktierten Note um 50 % erhöht werden soll. Ein punktiertes Viertel hat also dieselbe Dauer wie ein Viertel plus ein halbes Viertel, also ein Viertel plus ein Achtel, also insgesamt 3/8. Es gibt auch „doppelt punktierte" Noten, d. h. die Dauer der Originalnote soll um 75 % verlängert werden. Bei einer halben Note verlängert der erste Punkt sie um ein Viertel, der zweite um ein Achtel. Bei einem Viertel verlängert der erste Punkt die Note um ein Achtel, der zweite um ein Sechzehntel:

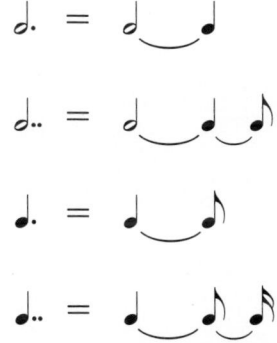

Anhang II

Ein zweiter Blick auf die Rolle der Zeit in der Musik

Das Phänomen der Musik ist uns zu dem einzigen Zweck gegeben,
eine Ordnung zwischen den Dingen herzustellen und hierbei vor allem
eine Ordnung zu setzen zwischen dem Menschen und der Zeit.
Igor Strawinsky

Die Wahrnehmung der Zeit ist die Quelle aller Musik und aller Rhythmen.
Olivier Messiaen

Wir leben im Augenblick. Wir befinden uns in der Gegenwart. Alles ist Gegenwart. Wir kennen nur die Vergangenheit und die Gegenwart. In der Vergangenheit konnte man sich die Gegenwart bestenfalls vorstellen. Möglicherweise ist die Gegenwart in gewisser Weise von der Vergangenheit abhängig, aber sie kann nie vorausgesehen werden.

Wir können einen Schritt zurücktreten, um ein Haus perspektivisch anzuschauen, oder um den Weg aus der Entfernung zu betrachten. Die Zeit jedoch hält uns gefangen. Wir können keinen Schritt in der Zeit zurückgehen, und wir können sie nicht anhalten, um einen Moment lang nachzudenken oder auszuruhen. Dennoch kann der Mensch temporäre Prozesse wahrnehmen. Die Methode ist ganz einfach: Ein Ereignis wird für die Zukunft geplant, wir warten, bis es die Gegenwart erreicht hat, und zu diesem Zeitpunkt wird es aufgezeichnet. Einen Moment später gehört es schon der Vergangenheit an … und ist im Gedächtnis festgehalten.

Dasselbe passiert mit Musik: Ton wird in der Gegenwart ausgegeben und im Gedächtnis vervollständigt. Musik durchdringt die Zeit, bewusst oder unbewusst.

Modalität und Tonalität

Es gibt mindestens zwei Musikstile oder zwei Methoden, sie zu betrachten – modal und tonal. Sie werden dahingehend unterschieden, wie sich ihre Existenz im Verlauf der Zeit entwickelt.

In der westlichen Welt gibt es vor allem tonale Musik. Der Stil wurde im Barock geschaffen und zwischen ca. 1600 und 1750 weiterentwickelt. Er kennzeichnet sich dadurch aus, dass er sich vorwärts projiziert, der Zukunft entgegen. An jedem Punkt im musikalischen Verlauf eines tonalen Werks hört man deutlich einen Akkord, der zum nächsten Akkord führt. Die harmonischen Spannungen müssen irgendwann in einem Punkt der Ruhe aufgelöst werden. Die Rolle, die der Akkord in der Verkettung von Spannungen und Ruhe spielt, ist die „Akkordfunktion".

Nach dem Barock wurde das tonale System einem stetigen Änderungsprozess in den nachfolgenden Perioden westlicher Musik unterzogen: Klassik und Romantik. Auch wenn die Tonalität einen Großteil der im Westen produzierten Musik beherrscht, hat sich die hochintellektuelle Arbeit der musikalischen *Avantgarde* zu Beginn des 20. Jahrhunderts davon wegbewegt, hin zu einem Musikstil ohne harmonische Spannungen, der auch als atonal oder modal bezeichnet wird.

Im modalen Stil kann die Zeit auf zweierlei Arten interpretiert werden: Einerseits als Ewigkeit, mit dem berühmten Beispiel der gregorianischen Gesänge im europäischen Mittelalter, wo es kein Konzept von Vergangenheit, Gegenwart und Zukunft gab (d. h. die Zeit existiert nicht). Das andere Konzept der Zeit ist die stetige Gegenwart: Das Tonereignis findet zu einem beliebigen Zeitpunkt statt, ohne von den Bedingungen abhängig zu sein, die vom vorhergehenden Ereignis festgelegt wurden, und ohne eine Bedingung für den nachfolgenden Zeitpunkt zu bilden. Nur die Gegenwart zählt. Neben dieser intellektuellen Musik der Avantgarde sind ein großer Teil der östlichen Musik, bestimmte südamerikanische Volksmusik und der Bebop-Jazz konform zu diesem zweiten System.

Die spezielle Beziehung zwischen der Zeit und den beiden Stilen (tonal und modal) lässt Vergleiche mit anderen Kunstformen zu: Tonale Musik könnte dem Tanz zugeordnet werden, modale Musik dagegen der Poesie.

Literaturverzeichnis

Assayag, G., Feichtinger, H.G, Rodrigues, J.F. (Hrsg.), *Mathematics and Music*, Berlin, Springer, 2002/2011.

Hofstadter, D. R., *Gödel, Escher, Bach: An Eternal Golden Braid*, London, Penguin, 2000.

Loy, G., *Musimathics*, Massachusetts, MIT Press, 2006.

Register